高等学校计算机类专业教材·软件开发系列

软件工程

寇爱军　申　情　主　编

郭鹏飞　孙文学　副主编

电子工业出版社

Publishing House of Electronics Industry

北京·BEIJING

内 容 简 介

本教材系统地讲述了软件工程的基本概念、原理、方法，并介绍了一个实际项目——高校图书管理系统的分析与设计过程，突出"教、学、练、用"一体化，较全面地反映了软件工程技术的全貌。全书共分 10 章，第 1 章是软件工程基础，第 2 章至第 6 章分别为可行性研究、需求分析、概要设计、详细设计、软件实现与维护，第 7 章介绍软件项目管理的基础知识，第 8 章、第 9 章分别讲述面向对象方法学基础和状态图。第 10 章结合实际项目讲述了面向对象方法分析与软件设计的全过程，不仅对读者深入理解软件工程学具有较大的帮助，也是实践教学的良好素材。

本教材可作为高等应用型学校计算机、软件工程、信息类及管理类等专业相关课程的教材，也可供有一定实际经验的软件开发人员阅读参考。

图书在版编目（CIP）数据

软件工程 / 寇爱军，申情主编．—北京：电子工业出版社，2023.9

ISBN 978-7-121-46345-7

Ⅰ．①软… Ⅱ．①寇… ②申… Ⅲ．①软件工程 Ⅳ．①TP311.5

中国国家版本馆 CIP 数据核字（2023）第 175532 号

责任编辑：王　花
印　　刷：涿州市般润文化传播有限公司
装　　订：涿州市般润文化传播有限公司
出版发行：电子工业出版社
　　　　　北京市海淀区万寿路 173 信箱　　　邮编 100036
开　　本：787×1092　　1/16　　印张：11.75　　字数：301 千字
版　　次：2023 年 9 月第 1 版
印　　次：2024 年 12 月第 2 次印刷
定　　价：45.00 元

FOREWORD

前言

随着 IT 技术的快速发展和广泛应用，以及各行业信息化、数字化、智能化建设的快速发展，软件在人们的工作和生活中越来越重要，各行业迫切需要培养一大批软件开发、项目管理和软件维护人才。因此，软件工程课程变得越来越重要。

软件工程是计算机等专业的一门专业核心课程，是每个从事系统分析、系统设计、软件开发测试、项目管理和软件维护的人员的必学科目。为了不断提高软件研发的质量，研发符合我国软件人才成长规律的教材迫在眉睫。

党的二十大报告提出要实施科教兴国战略，强化现代化建设人才支撑，强调要深化教育领域综合改革，加强教材建设和管理。为了响应党中央的号召，编者在充分进行调研和论证的基础上，精心编写了这本《软件工程》。本教材从实践的角度出发，吸取了国内外软件工程实践领域的新技术、新方法、新成果，也是教育部"产学合作协同育人"建设项目（项目编号：202102306007）成果之一。全书共分 10 章，内容包括软件工程基础、可行性研究、需求分析、概要设计、详细设计、软件实现与维护、软件项目管理、面向对象方法学基础、状态图、高校图书管理系统的分析与设计。书中加入了许多应用案例及编者经过多年实践总结出来的研究成果，以便于实际应用。

本教材是专门面向高校软件相关专业人才培养需求编写的，具有如下特点：

（1）内容丰富，图文并茂，注重实用性。本教材坚持"实用、规范、可操作性"原则，突出"教、学、练、用"一体化，配有典型案例与综合项目分析与设计。

（2）教学资源配套完善，便于教学。为了方便师生教学，本教材配有电子教案、电子课件等资源，并附有软件开发常用文档指南。

本教材由长期从事软件工程实践及教学的教师编写。寇爱军、申情负责全书架构的设计和统稿。其中第 1 章至第 4 章由郭鹏飞编写，第 5 章、第 6 章由孙文学编写，第

7 章至第 10 章由寇爱军编写。黄旭、王智群、曾孟佳等教师参加了审校和修改工作，学生朱文静、徐欢等参与了教学辅助资料的制作。

在本教材编写过程中，编者参考了国内外软件工程、UML 建模的相关教材，详见书后的主要参考文献。在此，向所有文献作者表示谢意。同时，感谢对本教材编写给予大力支持的各界专家。

由于编者水平有限，书中难免存在不足之处，敬请读者提出宝贵意见和建议。

编　者

2023 年 5 月

CONTENTS

目录

第1章 软件工程基础

目前，软件系统已经成为信息化的关键因素。有研究表明，软件行业的发展指数能够展现一个国家的现代化文明程度。然而，在软件开发中仍存在一系列困难，并且目前依然没有有效的办法解决这些困难。当前阶段，计算机行业的发展在一定程度上受制于软件的发展。

为了解决软件系统开发与维护过程中的困难，相关的计算机行业专家于 1968 年着手研究解决软件危机的方法和管理措施，经过若干年的发展和完善，形成了一门崭新的学科，包含我们即将开始学习的课程——软件工程。

1.1 软件危机

1965 年之前，通用型的硬件设备已逐步普及，当时对每一个具体的应用必须定制特定的软件。该时期的应用软件一般代码量不大，通常是开发者依据本人或组织的实际需要而开发的，因此一般只保存很少的文档资料，这对软件的维护极其不利。

1965 年至 1975 年是"软件作坊"时代。该时期内的软件开发人员仍在使用个性化的开发技术。不过，随着 IT 技术的推广，各组织的应用软件数量不断增加。当出现以下几种情况时，我们通常应该对软件实施维护。

（1）每当操作系统或硬件设备、设施更新后，一般需要对软件进行修改。

（2）在软件开发过程中或软件使用期间，用户有了新的需求时，需要按需修改程序。

（3）在软件运行过程中发现错误时，必须设法修改。

（4）软件运行过程中存在影响系统安全的漏洞时，必须进行修改。

随着软件维护工作的代价越来越大，最严重的问题是程序原开发者一旦不在现场，软件有可能变得不可维护，这时所谓的"软件危机"出现了。

1968 年，在联邦德国召开了一个专门会议，会议的内容包括什么是软件危机，如何解决软件危机等。在此次会议上，专家们提出了"软件工程"的概念，这标志着"软件工程"学科的诞生。

1.1.1 有关软件危机的介绍

软件危机指的是在整个软件开发与维护周期中可能遇到的一些较严重的问题。有关研究人员研究发现，几乎所有的软件都存在类似的问题。总体上，可以把软件危机理解为以下两个问题。

（1）面对日益增长的软件需求，该如何组织软件开发工作。

（2）面对机构中已有的大量软件，该如何组织软件维护工作。

具体来讲，软件危机的典型表现可以总结为以下几点。

（1）软件项目的开发成本估算和进度预估不够准确。

（2）"已完成"的软件不能满足用户要求。当还没有完全明确用户的所有需求时，开发组成员急于着手编写程序，并且在软件开发过程中，也没有及时与用户保持沟通，使得开发的软件无法满足用户的要求，从而违背了合同约定，最终导致软件无法满足用户的需求。

（3）在软件开发过程中，没有统一且规范的过程模型，也没有详细的文档资料。实际上，程序只是软件的一部分，此外还应包括一套完整且规范的文档和较完善的售后服务体系。在软件开发过程中，不但需要可行性论证资料，也需要需求分析报告、设计文档、测试文档和用户使用指南等资料，一旦缺乏软件配套的资料，必定会导致软件开发工作与软件维护工作出现各种严重问题。

（4）软件在运行过程中经常会出现让人不满意或故障等问题。

（5）运行中的软件时常出现无法维护、升级或更新现象。

（6）软件开发生产率提高的速度跟不上技术进步的步伐。

（7）软件成本所占比例逐年提高。

上面这些问题是软件危机的部分典型表现形式，在实际的项目开发中，可能会出现其他类型的问题。

1.1.2　原因与解决方法

1. 原因

软件危机发生的原因概括起来可以分为以下几个方面。

（1）软件是计算机系统的逻辑部件，是由人类智慧创造的最复杂的产品之一，不仅规模庞大，而且结构复杂，这给软件开发和维护带来了较大的困难。

（2）项目管理困难。软件具有无形性，这会导致管理困难，尤其在进度控制、质量控制方面的问题尤为突出。

（3）软件开发费用不断增加，并且维护费用急剧上升，严重影响了信息化的推广应用范围。

（4）软件开发技术无法紧跟时代的要求。在 20 世纪 60 年代，计算机领域的专家往往注重计算机理论的研究，而忽视了软件开发技术研究的重要性。

（5）开发人员使用的开发工具较落后，导致生产效率偏低。

（6）需求分析的重要程度被忽视，开发人员、用户之间的沟通不及时、不充分，并且文档资料不全。

（7）软件运行、维护过程缺乏规范的管理机制。

2．解决方法

伴随着 IT 技术的推广和发展，软件在数据加工、处理、存储等方面的应用更加深入与广泛。然而，计算机本身的数据处理能力是非常有限的，大量的信息处理工作主要依赖各种应用软件，因此人类社会对应用软件的需求日益增多，这就需要相关技术人员可以快速解决出现的软件危机。

根据研究，解决软件危机的措施主要包括以下几个方面。

（1）充分应用较适合的软件开发技术和方法，且在实际应用中不断提升技术，尽量消除业界早期的一些错误做法和观念。

（2）在开发中，使用适合项目实际的软件工具。不仅要选择便于开发的软件工具，还要实施较科学的管理机制。

（3）对项目实施良好且严密的管理，使各类人员在默契的配合中完成任务。

总而言之，要避免和解决软件危机不但需要完善的技术措施，而且也需要强有力的组织保障。只有各参与者密切配合，以工程化规程运作，才可以保证软件的质量得以提升。

1.2 软件工程

1.2.1 定义和目标

1．什么是软件工程

软件工程是采用工程化的思维、原理、技术手段与方法，用以指导软件开发全过程及软件维护的一门学科。

在业界中，软件工程有多种定义，比较常见的两个定义如下。

第一届 NATO 会议这样定义软件工程："为了用较低的成本，开发出在设备设施上运行的软件，而确立并使用的一系列工程原理。"该定义不但给出了软件工程的具体目标，并且强调软件工程是一门工程类的学科。

1993 年，IEEE 给软件工程下了一个更具有代表性的定义："①把系统的、规范的、可度量的方法应用于系统开发、软件实施与维护过程，即把工程化思维应用于软件开发；②研究①中提到的方法。"

以上两种不同的定义，尽管强调的侧重点不同，不过其核心思想是统一的，即将软件作为一种产品，"采用工程化的原理、方法，对软件实施规划、设计、开发与运维"。

2．软件工程的目标

软件工程是一门工程类学科，目标是科学、高效地开发软件，因此需要实现以下目标。

（1）软件须满足客户的全部功能需求及相关的性能要求。

（2）软件的开发成本应尽量低。

（3）软件企业须依据合同及时将软件产品交付用户使用。

（4）软件要具有较低的维护成本、较高的可靠性。

（5）软件要具有较好的易用性、可重用性和可移植性。

1.2.2 相关原理

软件开发相关技术、项目管理是软件工程的主要研究领域。软件开发相关技术涉及软件工具、方法、过程与技术等内容，而项目管理主要研究工程类经济学与软件项目管理。

自软件工程学科成立以来，关于软件工程的百余项准则被学者提出。1983 年，B.W.Boehm 结合相关专家意见，总结软件开发的经验，在他的一篇论文中提出了软件工程的七条基本原理。各条原理之间互相独立，任意一条原理都不能代替另一条原理。下面简单介绍这些基本原理。

（1）采用生命周期法管理软件开发过程。B.W.Boehm 认为，应该把整个软件项目开发过程划分成若干个阶段，精心制订每个阶段的工作计划，且对整个开发及维护工作进行严格管理。

（2）始终坚持施行阶段评审。在整个软件生命周期中的每个阶段都要进行严格的评审，尽早发现开发过程中的错误。上一阶段评审没有通过，就不能进入下一阶段工作。

（3）实行严格的产品控制。在实际开发工作中，因为周围环境的变化，客户改变需求是常态，软件企业无法阻拦客户提出新的需求，只能通过产品控制管理用户变更。

（4）使用现代的程序设计方法。经过实践验证，使用高级程序设计技术既可以提高软件的开发与维护效率，又可以提升软件产品质量。

（5）成果可以审查。软件成果是一种逻辑思维产品，为了让软件项目具有可见性，便于实施进度管理与控制，通常要依据项目的整体目标及最后期限，研究并确定团队职责、标准与内部分工，从而便于对每一步的成果进行审查。

（6）团队成员少而精。软件研发组织成员的素质应尽量高且数量不宜过多。

（7）必须意识到逐步改进并提升工程实践的重要性和必要性。

1.2.3 软件工程的进步史

回顾软件开发技术的全过程，由于软件危机的影响，行业内逐渐形成了一系列解决或避免软件危机的相关技术与方法，产生了一个完整的课程体系，即如何科学开发、合理维护与管理软件的知识体系——软件工程学。概括来讲，软件工程历经了以下四个发展阶段。

1. 传统的软件工程

20 世纪 70 年代初期，软件的开发主要采用"作坊式"。不过，随着应用软件和系统软件的需求量不断增加，软件的规模、复杂程度也快速提高，出现了团队效率低、开发成本高、开发进度及质量控制难等问题，大量劣质的软件进入市场，致使软件危机不断加重。因此，传统的开发方法无法满足实际软件开发工作的需要，在这种背景下，软件工程诞生了。

2．面向对象工程

1980 年至 1990 年，面向对象语言家族增加了 Smalltalk，使得面向对象技术与方法得到迅速发展。从 20 世纪 90 年代起，计算机领域专家重点关注面向对象技术，逐步构建了一个完整的软件开发方法与技术体系，随后面向对象的开发方法与技术获得迅速推广。

3．面向过程工程

随着软件规模及其业务复杂度不断提升，软件的开发时间跨度不断增长，并且开发人员数量也在增加，这提升了软件的开发管理难度。在软件开发的实践过程中，软件企业和研发人员逐渐认识到：提高软件质量与生产效率的关键是对"软件过程"进行有效的管理和控制，提出了对项目进行计划、质量保证、成本估算、软件配置管理等策略，逐步构建面向过程工程。

4．面向构件工程

20 世纪 90 年代，基于构件（模块）的开发方法获得重要突破，可使用已存在且可复用的构件组装成一个软件，而不需要从头开始构建，从而提高软件效率和质量，同时降低了软件开发成本。

1.3　软件过程与软件生存周期

1.3.1　软件过程

在 ISO9000 体系中，软件过程被定义成："将输入转化成输出的一系列彼此相关联的资源、活动。"因此，软件过程是为了开发出较高质量的软件而建立的一系列任务框架。软件过程是将用户需求转化为软件需求，进而转化为设计方案，并用代码实现设计，继而完成测试和各阶段的文档编制工作，最终确认软件可以部署实施的过程。

1.3.2　软件生存周期

软件生存周期是指从软件研发开始到软件停用的整个过程，即从提出软件开发需求开始，经过分析、设计、开发、使用和维护等阶段，直到软件淘汰的整个过程。

软件生存周期是由软件定义、软件开发与软件维护三个阶段组成的，并且每个阶段又可以进一步分成多个阶段。

➜1. 软件定义

软件定义即对软件进行策划，主要是完成问题定义、可行性研究、项目启动等工作，明确"需要解决哪些问题"。

1）问题定义

任务：项目需要解决哪些问题？经过调查和研究，系统分析员概要地写出关于任务性质、项目目标、项目规模的相关情况报告，经过讨论和研究分析，进行适当地修改，形成一份书面报告，并获得用户的确认。

在项目实践中，问题的定义是很容易被忽视的一个步骤。

参与人员：客户经理、系统分析员。

生成结果：问题定义报告。

2）可行性研究

任务：对当前项目的功能需求、技术及市场情况进行调研，并结合实际进行初步分析，明确是否可以启动该项目。可行性研究是一次简化的软件分析与设计过程。可行性研究工作比较简短，只是从较高层次研究问题范围，研究该问题是否可以解决，是否值得解决，是否有可行的解决方案。

参与人员：技术主管、技术人员。

生成结果：可行性研究报告、技术方面的调研报告。

3）项目启动

任务：由技术主管或相关负责人编制合同，启动项目，由项目经理制订项目初步计划。

参与者：技术主管、项目经理、技术人员。

生成结果：任务（项目）计划书、项目合同。

➜2. 软件开发

1）需求分析

需求分析并不是解决问题，而是明确软件必须具有哪些功能、性能等，也就是说，"必须做什么"及其他性能指标的要求。

任务：对项目进行详细的需求分析，并编写需求文档，对于 B/S 结构的软件应制作静态页面效果图。需求分析文档及静态页面效果图需要通过技术部门主管的审核才能进入下一个步骤。

在此阶段，用户非常清楚需要解决的问题，清楚必须做什么，但是往往无法完整准确地表达他们的要求，更不清楚如何用计算机解决这些问题；而项目小组成员知道如何实现，但是对特定用户的具体要求却不完全清楚。因此，在需求分析阶段，系统分析员必须与用户进行密切配合，充分沟通交流，才可以得到经过用户最终确认的软件逻辑模型。

软件逻辑模型是软件设计与实现的基础，因此必须完整且准确地获取用户的实际要求。在这个阶段，需要用需求分析说明书将目标系统的需求准确地记录下来。

参与者：项目经理、系统分析员、项目小组核心成员。

生成结果：项目计划修订说明、需求分析说明书、静态页面效果图。

2）概要设计（总体设计）

概要设计主要对软件的总体（外部）结构、组成模块、模块的层次结构、调用关系及功能进行设计，并对总体数据结构进行设计。

任务：依据需求分析说明书进行总体设计，包括程序的系统流程、模块划分、功能分配、组织结构、数据结构设计、出错处理、接口设计、运行设计等，为下一步的详细设计提供基础。对概要设计进行评审后，项目经理与技术主管一起协商确定项目小组成员。

参与者：技术主管、项目经理、项目小组核心成员。

生成结果：概要设计说明书。

3）详细设计

详细设计主要对模块的功能、性能等在技术层面进行完整准确地描述，并转化成过程描述。

任务：在该阶段，需要对软件的每个模块的设计方案进行说明，若一个软件比较简单，层次偏少，也可以不单独编写，相关内容可与概要设计说明书一起编写。

设计软件的详细规格说明书是该阶段的主要任务，依据详细规格说明书，项目小组成员根据它们可以写出代码。在此过程中，将每个模块进行详细设计，明确完成各模块功能需要的算法与数据结构。

参与者：项目小组成员、项目经理。

生成结果：详细设计说明书、项目计划确定版本。

4）编码实现

编码实现主要是将模块的控制结构转换成程序代码。

任务：根据详细设计编码实现，同时由美工对操作界面进行美化。

编码实现需要软件工程师写出正确且容易理解与维护的程序模块。软件工程师应当依据目标系统的要求和环境，选择一种或多种开发语言，将详细设计说明书中的要求转换成程序代码，并且测试编写好的每个模块。

参与者：项目经理、软件工程师、美工。

生成结果：软件版本说明、软件产品规格说明。

5）调试（测试）

为了确保软件质量，需要完成调试任务，主要是用各种工具和方法对软件的功能、性能进行检测。

任务：项目经理提交测试申请后，由测试部门对软件实施测试，项目小组需要配合测试部门完成错误部分的修改工作。

参与者：测试部门人员、项目经理、软件工程师。

生成结果：测试申请书、测试计划书、测试报告。

6）系统验收

任务：对项目验收工作进行归档。

参与者：技术主管、项目经理、用户。

生成结果：项目所有文档和程序。

3. 软件维护

该阶段主要是对交付并部署应用的软件产品进行必要的维护，并保存相关维护文档。

该阶段的主要目的是让软件持续满足用户的工作需要。该阶段是软件生存周期的最后一个阶段，也是持续时间最长的阶段。软件交付并投入使用后，便进入软件维护阶段。在使用过程中，当发现软件错误时，应该加以维护；当软件的运行环境发生改变时，应该适当修改软件使软件适应新的环境；当用户有新的需求时，应该及时完善软件以满足用户的要求。每一次维护工作实质上就是一次经过压缩和简化的开发过程。

1.4 软件生存周期模型

根据实际需要对软件开发过程进行分类，形成了多种风格的软件开发模型，称为软件生存周期模型，有的地方称为软件开发范型。

1.4.1 瀑布模型

瀑布模型即软件开发过程按照顺序进行，一步接着一步做的模型。瀑布模型将软件开发过程分为问题定义阶段、可行性研究阶段、需求分析阶段、概要设计阶段、详细设计阶段、软件实现阶段、软件测试阶段、运行维护阶段。瀑布模型示意图如图 1.1 所示，模型中的实线加箭头表示软件开发流程，并且每个阶段按照顺序展开，根据实际需要，有时需要返工；虚线加箭头表示软件维护工作的相关流程，根据不同的需要，可返回到相应的阶段实施维护工作。

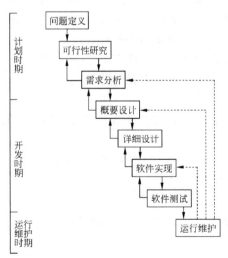

图 1.1 瀑布模型示意图

瀑布模型较适合那些软件需求较明确，开发技术较成熟，项目管理较严格的场合。使用瀑布模型的项目具有以下三个特点。

（1）按照顺序开发软件。

（2）不可过早编程。

（3）确保软件质量。

各阶段必须按照要求完成相关文档资料的书写和汇总，并且每个阶段都要对书写的文档资料进行复审，以便及时发现相关隐患并排除。

瀑布模型也有缺陷，即将软件实践中相互叠加的开发过程人为分成若干阶段。这样随着软件规模扩大，会产生越来越多的问题。因此，人们给瀑布模型增加了回溯和反馈的环节，对其加以改进。

1.4.2 快速原型模型

快速原型模型的思想是结合用户的实际需要，先快速开发一个浓缩的原型系统，并在此基础上与客户、潜在用户进行交流的模型。用户对原型系统进行评价，并提出改进意见，以便细化软件需求。开发人员通过逐步构建原型系统从而达到客户要求，继而准确获取客户的实际需求，最终依据详细且实际的需求组织开发软件。快速原型模型示意图如图 1.2 所示。

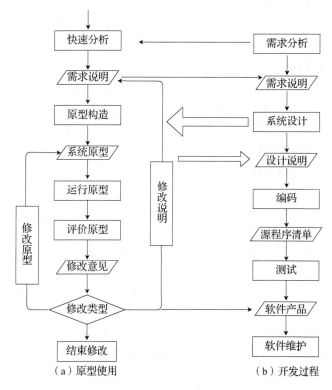

图 1.2　快速原型模型示意图

1.4.3 增量模型

增量模型可将一系列构件实施集成和测试，每个构件完成不同的功能，最终将其组合成在一起组成具有完整功能的软件。增量模型的灵活性较强，适用于需求不太明确、软件设计方案具有一定风险的项目。增量模型示意图如图 1.3 所示。

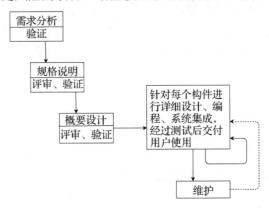

图 1.3 增量模型示意图

将增量模型与瀑布模型进行比较可以发现：瀑布模型是一种整体推进的开发模型，在进行下一阶段的任务之前，必须完成上一阶段的工作。增量模型是一种非整体开发模型，可以根据需要推迟某个阶段甚至所有阶段的具体细节，而较早实现软件的研发。不过，增量模型也具有较明显的缺陷。

（1）增量模型要求所研发的软件具有开放式的体系架构，原因是各个构件是人工逐步并入已存在的软件体系结构中的，因此加入的新构件不可以破坏已实现的软件结构。

（2）增量模型的过程控制容易失去整体性。在实际的软件开发中，用户难免经常对需求产生变化，在这方面，增量模型的灵活性优于瀑布模型与快速原型模型，不过也很容易退化成一边做一边改的模型。

1.4.4 螺旋模型

螺旋模型中的软件开发过程分为计划制订、风险分析、计划实施和用户评估 4 个阶段。在螺旋模型中，软件开发过程呈螺旋线形不断推进，由内向外逐步拓展，以最终得到满意的产品。它结合了瀑布模型与原型模型的优点，并且重视风险分析，使开发人员、用户等对风险充分了解，进而做出相应的改变。该模型较适合开发大型且复杂的软件。螺旋模型可沿着螺旋线进行多次迭代。螺旋模型示意图如图 1.4 所示。

（1）计划制订阶段：明确软件的目标，确定最终实施方案，厘清项目的约束条件。

（2）风险分析阶段：评估选定的方案，设法识别并消除风险。

（3）计划实施阶段：实施软件开发，并对项目进行验证。

（4）用户评估阶段：对开发工作进行评价，提出相应的修改建议，并明确下一步的计划。

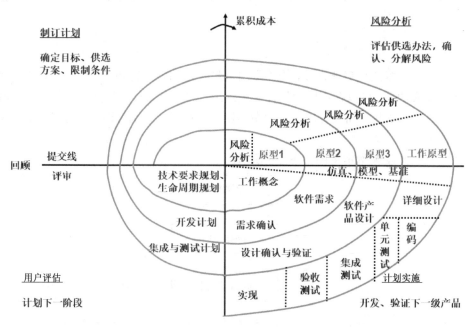

图 1.4　螺旋模型示意图

1.4.5　喷泉模型

喷泉模型以用户的需求作为喷泉的起源，以面向对象方法为基础，解决了瀑布模型无法支持软件重用及多个开发业务集成的问题，适用于使用面向对象方法与技术的项目。

喷泉模型示意图如图 1.5 所示。

喷泉模型的特点如下。

（1）喷泉模型开发过程可以分为需求分析阶段、总体设计阶段、详细设计阶段、实现阶段、维护阶段五个阶段，并且每个阶段可以继续分成多个步骤。

（2）每个阶段互相叠加，反映出软件开发过程的并行性特征。

（3）喷泉模型以需求分析为基础，所需资源构成塔形，尤其是在需求分析阶段需要消耗较多资源。

（4）从高层到低层时，不发生资源消耗。

（5）关注增量开发，按照分析一处设计一处的原则，不要求彻底完成一个阶段，所有过程是一直迭代并提炼的过程。

（6）对象是所有开发活动的实体，是项目管理与控制的基础。

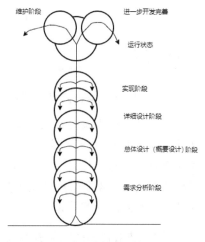

图 1.5　喷泉模型示意图

（7）采用喷泉模型开发软件时，由于开发活动不同，可分为系统实现和对象实现，不仅反映了整个软件系统的开发过程，也反映出对象族的开发和重用过程。

1.4.6 面向对象开发模型

面向对象技术的优势非常多，构件重用是最关键的技术优势之一。它强调当一个类创建并封装成功后，可以在不同的软件中被重用。面向对象技术为基于构件的开发模型提供了强有力的支撑。面向对象开发模型运用三种技术，分别是面向对象技术、原型法与重用技术。

面向对象开发模型示意图如图 1.6 所示。

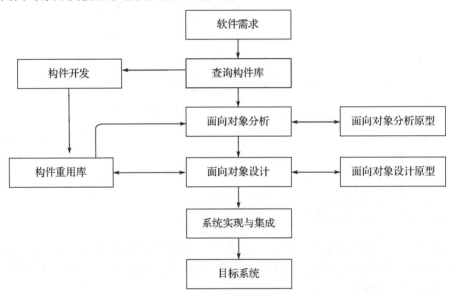

图 1.6 面向对象开发模型示意图

1.4.7 如何选定开发模型

1. 开发模型、方法及其相关工具的关系

软件开发过程概括起来主要包括规划与可行性论证、需求分析、设计与实现。软件开发方法有很多种，最常用的开发方法包括结构化方法、面向对象方法。当采用不同的软件开发方法时，将采用不同的过程模型。为了减少开发过程中存在的人工手工劳动，提高开发效率，需要采用辅助工具来支持软件开发。图 1.7 展示了开发过程模型、开发工具及开发方法间的关系。

2. 选取合适的软件开发模型

瀑布模型与原型模型是最常用的开发过程模型，其次应用较普遍的是增量模型。由于不同的模型具有不同的特点与优缺点，所以在选择开发模型时需综合考虑以下几个方面，以达到理想的效果。

（1）是否符合软件自身的特点，其中包括软件规模及其复杂性等。

（2）是否满足软件开发的总体进度要求。

（3）尽可能识别软件开发过程中的风险因素，并设法控制然后消除这些风险。

（4）是否具有相关辅助工具的支持，比如实现快速原型的工具。

（5）选用模型是否与用户和参与人员的知识背景及技能匹配。

（6）是否有利于软件项目的控制与管理。

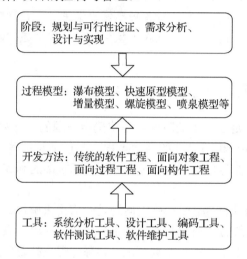

图 1.7　开发过程模型、开发工具及开发方法间的关系

➔3．对开发模型进行修订

事实上，在实际的软件开发过程中，开发模型的选取不是照搬照抄，需要依据开发目标的要求进行修改、综合运用。

习题1

1．请说明软件的定义及如何区分软件、程序？

2．请说明软件生命周期的定义及划分周期的主要原则？

3．何谓软件危机？它有什么典型表现？

4．软件危机产生的原因有哪些？

5．请说明软件工程的定义。

6．如何消除软件危机？

7．何谓面向对象的软件工程？它和传统的软件工程的区别与联系是什么？

8．试比较瀑布模型、快速原型模型、增量模型、螺旋模型的优缺点，并指出它们的适用范围。

第2章 可行性研究

在开展任何一项较大的软件项目时，必须要对其进行可行性研究。首先要对有关的项目背景和经济前景进行调查，对各种可能方案进行可行性研究，并比较其优劣。可行性研究必须认真完成，这样才能减少软件开发过程中遇到的困难。

2.1 目标与任务

可行性研究的目标是在较短的时间内尽快确定问题的可行解决方案。实际上，可行性研究阶段是一次软件分析与设计的精简过程。其任务是：确定软件的目标与规模大小，明确软件的约束条件与限制条件，对比多种可行方案的利弊，进而确定系统的目标是否可以实现。

可行性研究不是解决问题，而是确定问题是否值得去解决。首先要进一步分析前一步的问题定义，然后系统分析员进行简要的需求分析，导出该系统的逻辑模型，最后从系统逻辑模型出发，探索出若干种主要解法，对每种解法都要仔细、认真研究它的可行性。一般而言，可行性研究要从技术、经济、操作和法律四个方面研究每种解法的可行性，做出明确结论供用户参考。

1. 技术可行性

对要开发项目的功能、性能和限制条件进行分析，评价系统所采取的技术方案是否先进，能否达到目标，现有的技术人员的技术水平是否具备完成项目的能力。

2. 经济可行性

进行成本—效益分析，从开发所需的成本和资源、潜在的市场前景等方面进行估算，确定要开发的项目是否值得投资，即用代价与效益两个因素度量。

3. 操作可行性

分析该软件的操作流程是否适合用户的业务流程，在该应用领域和行业是否行得通。

4. 法律可行性

新系统的开发会不会引起侵权或违法，应该重点从合同、专利、版权等相关因素进行考虑。

2.2　研究过程

研究过程可以归纳为以下几个方面。

➡1．确定软件目标与规模

系统分析员需要访问用户单位的关键人员，认真查阅与软件实现相关的电子资料、纸质材料，对问题定义阶段报告复查确认，改正含糊或不准确的叙述，无二义性地描述限制条件与约束条件。该阶段的工作可以确保软件开发人员清楚该项工作的目标。

➡2．研究正在用的软件

正在用的软件是可行性研究阶段信息的重要来源。该软件已经在过去相当长的一段时间内辅助用户开展了很多工作，所以新开发的软件必然能够覆盖原软件的功能。此外，系统分析员需要询问用户并发现原软件的某些缺点，确定新软件必须解决的问题。

系统分析员还需要认真阅读并分析原软件的相关电子资料与纸质资料，并到工作计算机上考察原软件的情况。不过，研究原软件不要花费太多时间。此外，还要注意记录原软件与其他软件有没有数据通信，因为现实当中大多数软件都需要与其他软件进行数据交换。

➡3．画出软件的逻辑模型

在设计软件的逻辑模型时，通常从用户使用的旧软件出发，先导出旧软件的逻辑模型，然后根据用户的要求和系统分析员的思路设计出新软件的逻辑模型，最后进一步完善该模型。在定义新软件的逻辑模型时，一般会采用数据流图，并用数据字典辅助工作。注意，当前阶段仍不是用户需求的分析阶段，当前阶段只要总体上描绘较高层次的数据处理过程及数据流向即可。

➡4．列出多种可行方案

系统分析员与用户必须共同复查上一步骤中设计的逻辑模型，核查问题定义、目标及项目规模，若存在异议，应该及时备注并修改，直到修改后的模型完全清晰地满足用户的要求。接着，系统分析员进一步细化方案，在经济效益、技术实现、操作实践、法律等层面对多个方案进行对比，去除不合适的方案，最后得到几个可行的具体方案。

➡5．给出可行方案

依据可行性研究成果，软件开发人员应给出该项目是否可以开发、是否值得开发等相关结论。如果可以开发，应选择其中一种最适合的方案，并阐明该方案是较优方案的理由，以供相关部门参考。

6. 拟定开发进度设想

系统分析员在可行性方案中需要提供一份开发进度计划，在该计划中，除了软件开发进度，还需要提出软件开发人员类别、数量及其他资源的需求情况，并且还需要估算软件开发每个阶段的开支。

7. 拟写可行性研究报告

将上述工作成果整理成翔实的文档，并邀请用户组织的相关负责人组成评审组，对材料进行审查。

2.3 软件立项、合同和任务书

对于经过可行性研究并确定研发的软件项目，需要做好软件项目研发前的立项、签订合同和任务下达等工作。软件公司的高管负责是否立项的决策；中层主管负责实施立项、签订合同及设定任务书等具体工作；基层工作人员负责立项、签订合同、书写任务书等具体工作。

2.3.1 立项

1. 立项过程

软件项目尤其大型软件项目的立项工作对软件企业的发展有至关重要的作用。因此，软件项目的立项应履行立项的手续，填报立项建议书，进而形成合同或用户需求报告，作为指导软件开发、经费使用与软件项目验收的依据。

2. 立项文档

立项最重要的材料是"立项申报表"或"立项建议书"，其格式不统一，每个企业都有其模板。绝大多数企业的立项材料都参考了国家标准或行业标准，这些标准或规范依据软件工程规范经过整理得来，十分实用，需要仔细阅读研究其格式、具体条款与内容。

2.3.2 签订合同

规范的软件公司都具备标准的软件项目合同。一般而言，合同的文档有两份，其中一份是合同正文，另一份是附件，其格式与内容同"软件立项申报表"的主体部分具有同等效力。

合同的正文包括合同的名称、甲方的单位名称、乙方的单位名称、合同条款、双方责任约定、交付产品的方式、交付产品的日期、用户培训的办法、产品维护的办法、付款的方式、联系人与联系方式、违约的相关约定、合同的份数、双方签字、日期。

附件包括软件功能点列表、软件性能点列表、软件接口列表、软件资源需求列表及软件开发进度表等事项。

2.3.3　任务下达

在实际工作中，任务下达时至少要满足以下任一条件。

（1）软件公司已与用户签订软件项目合同。

（2）立项申报表通过评审。

下达任务的通用做法如下。

（1）任命项目经理（技术经理和产品经理），在项目任务书中包含任务下达对象、任务内容、任务要求、实现任务日期、投入资源列表、相关保障与奖惩措施。

（2）附件应包括软件合同或立项申报表。

2.4　系统流程图

2.4.1　主要用途

在可行性研究阶段，通常会用系统流程图对实际的软件系统进行概要描述。系统流程图的用途是：对于软件物理系统进行实际描述，进而作为全面了解软件业务处理流程和分析软件结构的依据。它也是系统分析员，管理人员、具体操作人员相互交流的工具。

2.4.2　相关符号

系统流程图的基本画法是用符号描述软件的各部件（包括应用程序、数据文件、DB、表格、人工处理过程等）的数据流向及业务处理过程。（注意：不要对数据处理的细节和控制过程描述得过于清晰，只需要自上而下逐层进行，同层的处理方法按照从左到右的顺序画出即可。）系统流程图的基本符号如表 2.1 所示。

表 2.1　系统流程图的基本符号

具 体 符 号	指 示 意 义
▭	数据处理
⬭	起止框
▱	数据的输入输出
○	连接
→	单向连接线

续表

具 体 符 号	指 示 意 义
←————————→	双向连接线
▽	换页
▭	文档
⊂▭	存储数据
⬭	磁盘
⬡	显示
▱	输入
⏢	人工操作
▢	相关辅助操作
⌐	链路

例 2-1 某高校计算机学院的学生准备开发一种基于 Web 的教材采购及销售软件，实现教材预订、教材采购、数据查询、信息统计、开具领书单、教材发放等信息处理，具有信息输入、编辑、删除、信息存储等功能。通过前期的调研与分析，该软件的系统流程图如图 2.1 所示。

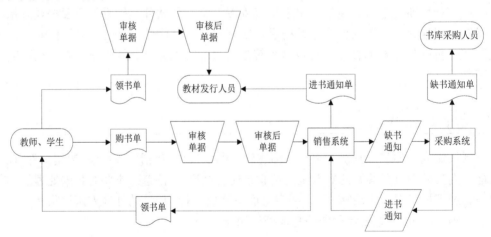

图 2.1 软件系统流程图

2.5 软件的经济效益分析

经济效益分析的任务是从经济效益方面考虑开发该软件是否值得。通常通过评估新的软件项目所需要的成本和可能产生的经济效益，便可以从经济效益上衡量这个软件的价值。

一般来讲，软件的成本包括研发成本与维护成本。

软件效益包括实际收入效益和社会效益两种。实际收入效益即经济效益，可用投资回收期理论、货币时间价值理论、利润等指标进行衡量，较难直接进行量的比较。

2.5.1　关于货币的时间价值

项目是否值得投资是软件实施成本估算的前提。经过估算，可以预估软件开发需要投入的经费数额，以及软件研发完成投入市场或交给用户后，可以获得多少收益。至于获得多少收益才划算呢？这就需要重点考虑货币的贬值速度，即货币的时间价值。毕竟投资是现在进行的，而效益是将来获得的。

一般采用利率来说明货币的时间价值。若当前的存款年利率为 i，假设存入 a 元，那么 m 年后可得到的收入为 G 元，若不记复利则：

$$G = a \times (1 + m \times i)$$

这就是 a 元钱在 m 年后的价值。

反之，如果 m 年后能收入 G 元，那么这些钱现在的价值是：$a = G/(1 + m \times i)$。

例 2-2　每天工作例会后，仓储管理人员会通过软件向采购员发送一份订购货物的清单，假设开发此仓储管理软件需要投入 5 000 元，软件完成后可以顺利投入工作，排除各种货源短缺问题，预估每年可节省开支 2 500 元，五年总共节省开支 12 500 元。若年利率是 8%，根据公式，可以得出应用仓储管理软件后每年可以节省的货币的现在价值（见表 2.2）。

表 2.2　将来价值与现在价值对应表

年	将来价值/元	（1+$m \times i$）	现在价值/元	累计的现在价值/元
1	2 500	1.08	2 314.81	2 314.81
2	2 500	1.16	2 155.17	4 469.98
3	2 500	1.24	2 016.12	6 486.10
4	2 500	1.32	1 893.94	8 380.04
5	2 500	1.40	1 785.71	10 165.75

2.5.2　投资回收期

一般使用投资回收期来衡量一个软件项目的价值。投资回收期是累计经济收益与初始投资相等时所需要的时间。显而易见，投资回收期时间跨度越短，获得利润越快，该项目越值得开发。

比如，开发仓储管理软件 2 年后，可节省 4 469.98 元，这比初始投资（5 000 元）少 530.02 元，那么第 3 年再节省 2 016.12 元之后初始投资才可收回，最终计算得出此仓储管理软件的投资回收期是 2.26（2+530.02/2016.12≈2.26）年。

投资回收期只是多项经济指标中的一种，为了衡量一个软件项目的价值，还需要综合考虑多种因素。

2.5.3 纯利润

衡量软件价值的另一个指标是软件的纯利润。在软件的整个生命周期中，软件累计获得的收益（折合为现有值）和投资值之差，即投资开发一个软件的收益与将资金存入银行获得的收益进行比较，若纯收入是 0，则软件的预期收益与存款一样，不过开发一个软件需要承担风险，所以从经济方面考虑，该项目是不值得投资的；若纯收入为负值，那么该项目就必然不值得开发。

在上面的例子中，可以得出最终仓储管理软件的纯利润为：

10 165.75-5 000=5 165.75（元）

习题2

1. 在软件研发前，必须开展可行性研究吗？为什么？
2. 可行性研究的任务是什么？
3. 从哪几个方面研究目标软件的可行性？
4. 只懂技术的系统分析员不一定能圆满完成可行性研究的任务，你同意这种看法吗？

第3章 需求分析

可行性研究的目标是在较短的时间内用较小的代价给出项目是否可行的结论。因此，在可行性研究阶段，软件开发团队只是掌握了用户的软件项目目标和大体的功能要求，如果想开发出符合用户要求的软件，必须进行需求分析。

在整个软件研发过程中，需求分析是一个特别重要的阶段。是否完整准确地获取用户需求，关系到软件研发的成败。需求分析的主要任务是确定软件必须"做什么"，即确定软件的功能需求、性能需求、环境需求、接口需求、界面需求、未来需求等。最后，系统分析员（产品经理）应写出需求规格说明书，以文字、表格、模型等形式描述软件的需求。注意，需求分析规格说明书的书写工作是一项非常复杂且艰巨的任务。系统分析员与用户之间需沟通的信息非常多，并且在交流过程中，很容易遗漏重要信息，经常会产生二义性。所以，较全面地掌握需求分析技术是非常重要的工作。

3.1 需求分析的任务与步骤

需求分析的目的是明确用户的具体需求，主要包括功能需求、性能需求、环境需求、接口需求、界面需求、未来需求等，以及创建软件的逻辑模型，编写软件需求报告（SRS）等文档。归纳起来讲，需求分析过程可以分为两个步骤进行。

首先，进行用户意图分析。将用户提出来的各种问题和需求进行归纳整理，通常而言，用户需求反映在说明书上是功能点列表、数据列表、流程等内容，不是站在软件开发人员的角度说明问题。因此，需要既懂技术又懂业务的系统分析员获取用户需求，搞清楚用户实际上要做什么，并且把获取的信息清晰明确地表达出来。

其次，对用户需求进行规范化。当搞清楚用户需求后，要在"需求规格说明书"中建立系统分析模型，完整、准确且规范地描述将要开发的软件，务必与用户一起确认，以保证它能够完全符合用户的要求。

3.1.1 需求分析的任务

需求分析的主要任务如下。

➡1．用户需求

1）功能需求

功能需求即要开发的软件必须实现的功能。要通过功能列表列出软件必须实现的全部功能。该部分工作是最重要的。

2）性能需求

性能需求是指所开发软件的技术性能指标，即系统需要满足哪些约束条件。通常情况下，性能需求包括软件平均响应时间、安全性、网络速率、服务器配置等需求。

3）环境需求

系统在运行时需要各种软、硬件条件，比如服务器、操作系统、外设、数据库软件等，这些就是环境需求。

4）接口需求

接口需求是描述软件与外部环境通信接口的需求，常见的形式有硬件接口需求、用户接口需求、通信接口需求、软件接口需求等。

5）界面需求

用户界面是人机交互的媒介，界面是否美观大方也是用户非常看重的，界面需求就是描述这方面内容的需求。

6）未来需求

系统分析员通过与用户交流，应该非常明确地列出不属于当前软件开发的内容，但是根据分析未来很可能会提出来的需求。之所以这样做的目的是，在软件设计过程中提前对软件将来可能的扩充和修改做好准备，以便一旦在确实需要时，软件能够比较容易地实现扩展或修改。

➡2．分析数据需求

大多数的系统实际上就是信息处理软件，需要向系统输入数据，对数据进行处理加工，以输出有价值的信息，并保存到数据库中。因此，需要充分分析数据的要求，这也是需求分析阶段的一个重要任务。

无论多么复杂的数据都是由数据元素组成的，可以使用数据字典对数据进行全面的描述和定义。不过，数据字典具有很明显的缺点，即不够形象直观。通常情况下，为了提高需求的可理解性，一般会使用图形工具来辅助，比如要汇总软件的数据需求，常常通过建立数据模型的方法实现，对于一些十分复杂的数据结构，常用层次方框图和 Warnier 图等工具图辅助。

➡3．创建软件的逻辑模型

结合上述获取的结果进行分析与确认，以分析软件的组成及主要元素是否全面，并用图文与符号结合的方式导出软件的逻辑模型，一般会用到数据流图（DFD）、状态转换图、实体联系图（E-R 图）、控制流图、数据字典及主要的算法描述该逻辑模型。

4．编写软件需求报告

汇总并组织编写软件需求报告的目标是明确定义目标软件的需求、软件构成及相关的接口。在签订合同时，软件需求规格说明书作为合同的必备附件是软件测试与验收过程中软件的确认与验收标准，也是软件研发的基础资料。

软件需求规格说明书应能够准确地体现用户的真实需求，具备易理解、直观、易修改等特点。因此，通常尽可能采用标准的表格、图形与简单易懂的符号表示，尽量不用专业性太强的术语，以便能够让只懂业务不懂技术的用户看懂，便于交流。

5．需求分析评审

软件需求规格说明书需要经过严格且仔细的评审，主要是查找需求分析过程中存在的缺陷、错误，然后组建评审小组，组织评审并修改需求和开发计划。因此，评审是对软件需求的定义，会对软件的功能与接口进行全面而仔细的审查，以确保软件需求规格说明书真实无遗漏地反映用户的需求，使其真正作为软件设计与实现的基础。

3.1.2　需求分析的步骤

在用户需求的分析中，采用合理的步骤是非常关键的，只有步骤合理才能更好地获取用户的需求，最终得到符合用户需求的软件需求规格说明书。需求分析一般分为以下四个步骤。

1．获取用户需求

获取用户需求要实施调查研究法。在进行软件的用户需求获取阶段，不同的系统开发方法采用不同的研究方法，不过有一点是相同的，那就是充分的调查研究工作是非常必要的。

2．提炼用户需求

提炼用户需求采用分析建模法，在该阶段可建立分析模型分析用户提供的信息，然后根据常用的建模方法创建分析模型。通常用的模型包含数据流图、E-R 图、状态转换图、控制流图等。

3．描述用户需求

描述用户需求阶段需编写软件需求规格说明书。为了统一风格，可以参照一些国家标准的推荐模板，也可以在此基础上进行适当编辑，形成符合软件企业的用户需求规格说明书。

4．验证用户需求

系统分析员与用户一起对用户需求规格说明书进行仔细、严格的验证与审查。表面上看起来质量好的用户需求规格说明书，在编码实现时可能会出现需求不清晰、二义性等问题，所以所有这些问题都需要对需求进行验证以改善。

3.2 用户需求的获取方法

3.2.1 常用方法

1. 对重要用户组织访谈

可以说，在获取用户需求的技术领域，访谈是最早使用且至今仍广泛使用的需求分析技术。用户访谈既能得出高层的战略需求，又可以听取普通用户的需求。用户访谈可以分为正式访谈与非正式访谈。正式访谈，即系统分析员把一些准备好的问题，通过正式的交流展开。非正式访谈，即系统分析员提出一些开放性问题，来鼓励用户讲出自己的想法。此外，在采访用户的过程中，采用情景分析法是通用做法，也是比较有效的方法。当需要调查大量人员的意见时，一般可以向被调查人发放调查表，系统分析员对收回的表进行仔细阅读，随后，系统分析员可针对一些用户进行访问，以便了解在分析调查表中发现的各种问题。

2. 组建软件联合分析小组

软件开发最初的状态是系统分析员不太熟悉软件涉及领域的专业知识，而且用户不清楚如何用计算机实现软件，这造成了两者之间的交流存在着严重问题，因此需要由用户、系统分析员、领域内专家一起组建软件联合分析小组。这样对系统分析员、用户之间的交流及需求获取非常有用。此外，需要重视用户在小组中发挥的特殊作用。

3. 相关问题的分析、确认

一般情况下，用户很难在一两次的交谈中就将对软件的需求阐述清楚，并且系统分析员无法限制用户在回答相关问题时的自由发挥。这就需要系统分析员进行多次访问，并且在每一次访问后，须及时整理并分析用户提供的信息，排除无关信息及错误信息，整理有价值的内容，以便与用户下一次见面交流时，由用户确认，并且在下次访问用户时，进一步厘清相关细节。往复循环 3~5 次就基本完成该步骤。

使用传统的需求获取方法获取用户的需求时，容易让用户产生被动的感觉。为了解决该问题，我们可以采用面向团队的需求获取方法，又称为简易的应用规格说明技术。该方法提倡开发者与用户进行密切合作，一起标识问题，共同提出解决方案，讨论不同方案及共同指定基本需求。该方法具有许多优点，如用户与开发者齐心协力、不分彼此、密切配合，一起完成需求的获取工作。其过程描述如下。

1）初步交流，筹备会议

（1）通过一两次的交流，初步明确待解决的问题范围及解决方案。

（2）用户、开发者分别写出"软件需求"，选定商谈会议时间及地点，并且选举或指定协调人。

2）会前严格审查各自需求，确定需求列表

在会前几天，每位与会者须仔细审查软件需求，并且详细列出功能列表、约束条件列表和性能列表。

3）经过上会讨论，创建组合列表

双方与会者展示列表，经过大家讨论后，共同创建一份组合列表。由指定的协调人主持并讨论这些列表。

4）根据实际情况进行分组，制定更细的规格说明

根据实际需要，将与会者划分成更小的小组，目的是为每个列表中的项目确定更小型的规格说明。接下来，每个小组都要将其制定的小型规格说明向与会者展示，并且供大家讨论。

5）完善并确认标准，草拟需求规格说明报告

全体与会者编制出软件的确认标准，并提交讨论，从而创建出意见一致的确认标准。最后，拟写完整的软件需求规格说明书。

3.2.2　快速建立软件原型模型来获取需求

在实际的软件开发中，快速原型法是比较常用的一种非常有效的用户需求获取方法。

在系统开发过程中，需不需要建立系统原型，一般要根据系统的规模、性质与复杂程度而定。当软件要求较复杂，用户需求不明确时，在需求分析过程中开发一个系统原型，在此基础上进一步获取需求是很值得做的一件事情。

快速原型法的基本思路：在很短时间内建立起一个只包含基本数据库和基础功能的原型软件供用户试用，然后依据用户的意见再对原型软件实施多次修改，直到用户满意为止。在项目开发中，我们一般采用以下六个问题判断某个软件是否适用快速原型法。

（1）当前用户的需求已经建立，并且需求是稳定的吗？

（2）软件开发人员与用户已理解目标软件的应用场景吗？

（3）当前的问题是否可以被模型化？

（4）用户是否可以明确系统的基本需求？

（5）是否存在模糊的需求？

（6）已知的需求中存在矛盾吗？

如果第一个问题得到肯定回答，就不需要使用快速原型法获取用户的需求。若其他问题是肯定的，建议使用快速原型法。若工期不紧急且项目经费充足，开发一个原型系统是一个不错的选择；如果工期比较紧张或项目经费不足，可以上线一个类似的已实施的软件项目，给用户一些账号进行测试，引导用户提出新需求。

3.3 需求分析的常用方法

系统分析员从用户处获取了用户的需求，不过这种需求还停留在文字、图表阶段，需要应用专业的方法进行分析才能明白用户的实际需求，以便将该需求转变成逻辑模型。

1. 功能分解法

所谓功能分解法，即将一个软件看作由若干个功能组成的集合，且每个功能又可进一步划分成若干子功能，一个子功能又可以继续分解为若干子功能。因此，这种方法最终会产生主功能、子功能与功能接口。该方法是最早应用于需求分析的方法。

该方法将系统需求当作一棵倒过来的功能树，其中每个节点代表一个具体的功能，因此树根是总功能，而树枝是子功能，树叶为子功能的子功能。功能分解法采用"自顶向下，逐步求精"的方式，这也符合传统程序设计人员的思维特征，不过这种方法很难与系统设计分开，所以较难适应需求的变化。

2. 结构化分析方法

结构化分析方法是面向数据流的需求分析方法，是从问题空间到具体映射的方法，软件的功能由数据流图表示，即由数据流图与数据字典共同组成的逻辑模型。此方法使用起来简单，更适用于数据的处理领域。相关具体内容将在 3.4 节中介绍。

3. 信息建模方法

信息建模方法的基本表达工具是 E-R 图，由实体、属性与联系组成。该方法先从需求资料中找到实体，再用属性描述实体。E-R 图是面向对象分析技术的基础，不过它的数据是不封闭的，无继承机制，也没有消息传递机制的支持。

4. 面向对象的方法

将 E-R 图与面向对象的程序设计语言相关概念结合后构成一种新的分析方法。面向对象分析技术的关键是识别、定义类和对象，并分析出它们的关系，依据问题域的操作规则及内存性质而建立模型。

3.4 结构化分析

结构化分析是软件研发方法中应用最广泛、最成熟的一种方法，其特点是自然、快速。

3.4.1　结构化分析方法

结构化分析方法的思想是"自顶向下逐层分解"（见图 3.1），它的基本原则分为两步：分解与抽象。

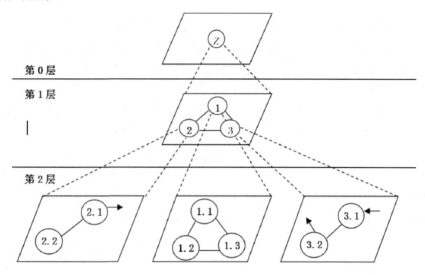

图 3.1　自顶向下逐层分解示意图

（1）分解。面对较复杂的问题，通常将其分解成若干个相对容易的小问题，然后再进一步解决。一般情况下可以忽略细节，即先考虑问题的本质，构成问题的高层次概念，然后再逐步添加细节。

（2）抽象。在分析问题时，事先考虑问题最重要的属性，暂时忽略细节，再逐层增加细节，直到实现全部内容。

对于复杂的软件系统，系统分析工作都可以依据上面的策略按计划和步骤推进。

3.4.2　面向结构化分析的建模工具

本节重点介绍常用的半形式化的描述方法。

（1）数据流图：一种图形化的系统模型。运用图形方式描述系统内部的数据流，表达系统的各处理环节之间的数据联系，它是结构化系统分析方法的表达工具。

（2）数据字典：对数据流图中的元素进行定义的集合。例如，可以定义数据流图中的"加工"和"数据"。

（3）结构化语言：一种介于形式语言与自然语言之间的半形式化语言。结构化语言具有三种形式，分别是顺序结构、循环结构、选择结构。

（4）判定树：又称为决策树，它的思路和结构化语言几乎完全类似，主要用它描述某个功能模块的逻辑处理过程。

（5）判定表：又称为决策表，相对判定树而言，其优点是可以把所有条件组合完全表达出来。不过，其缺点也非常明显，判定表的创建过程非常复杂，并且表达方式不容易理解。

3.4.3　数据流图

数据流图（Data Flow Diagram，DFD）是一种图形化技术，用于表示系统逻辑模型，它以直观的图形清晰地描述了系统数据的流向与处理的过程。数据流图只能描述部分主要数据在系统中流动与被处理的过程，哪怕非计算机工作者也很容易理解，所以数据流图是系统分析员和用户之间非常好的交流工具。画数据流图时，一般只需考虑软件的逻辑流程，无须考虑如何实现功能。因此，数据流图也是软件设计工作的基础。数据流图的基本符号如表 3.1 所示，数据流图的附加符号如表 3.2 所示。

表 3.1　数据流图的基本符号

符 号 名 称	符号图例	可替换符号	备 注
起始点或终点			数据流图的起始点或终点
处理或加工			对流向该处的数据进行处理、加工，即对数据进行算法设计、分析和计算
数据的存储			表示进行加工/处理步骤前的输入文件，或者描述加工/处理后的输出情况
数据流的连线		无	描绘数据流的方向

表 3.2　数据流图的附加符号

示 例 符 号	说 明
	示例符号中的"*"表示数据流之间是"与"关系，即数据 A 与数据 B 同时输入时，才能转换成 C
	示例符号中的"+"表示数据流之间是"或"关系，即数据 A 或数据 B 输入，或者数据 A 与数据 B 同时输入时，才可以转换成 C
	示例符号中的带圈的"+"符号表示只可以从几个数据流中选择其中一个
	将数据 A 转换成数据 B 与数据 C

续表

示 例 符 号	说　　明
A → (T +) → B / C	数据 A 可以转换成数据 B 或数据 C，或者同时转换成数据 B 与数据 C。
A → (T ⊕) → B / C	将数据 A 转换成数据 B 或数据 C，但是不能同时转换成数据 B 与数据 C。

➡1. 数据流图元素介绍

数据流图元素是从软件项目中提取出的四种组成元素，分别是数据的源点与终点、处理与加工、数据的存储及数据流。

（1）数据的源点与终点：通常指的是软件外部的实体，是为了帮助人们理解软件接口引入的，可以是其他的软件、人及物等，而这些信息在数据流图中无须进一步说明，只需要出现在数据流图的顶层图中即可。

（2）处理与加工：对数据进行加工的单元，并对数据流实施变换，描述要执行的功能。每个加工处理过程都要求是有名字的，一般是动词短语。为了便于管理和识别，需要对加工步骤进行编号。

（3）数据的存储：依据"加工"与"数据存储"间的箭头方向，可以将其分为读数据、写数据及既要读数据又要写数据三种情况。

（4）数据流：数据在系统内的运动方向。每个数据流都必须起一个合适的名字，通常从数据存储中流出或流向数据存储的数据流不需要起名字，只需要为数据存储起个合适的名字即可。

➡2. 原则

（1）在数据流图中的符号必须是前面的基本符号和附加符号。

（2）顶层图即主图，应该涵盖基本元素中的全部符号（四种），因此不能缺少任意一种元素。

（3）数据流图顶层图上的数据流需封闭在外部实体之间。

（4）变换处理（加工）至少需要有一个输入数据流与一个输出数据流才能得到加工的数据来源、加工结果。

（5）任意子图需与其上一级父图中的某个"加工"对应，即父图中有多少个"加工"，就可能有多少张子图，两者的输入数据流和输出数据流必须一致，这样才达到平衡。

（6）一般采用"自顶向下逐层分解"的方法。①不要一下子引入过多细节，应该逐步增加细节。一张数据流图包含的处理不能太多，一般为 5～9（7+2）个，否则难以理解，需进一步分层。②分层的 DFD 图一般分为顶层、中间层、底层，层次的编号按照顶层、一层、二层……的次序编排，其中顶层图和一层图只有一张。

3. 画数据流图的典型步骤

画数据流图的典型步骤如下。

（1）先找到外部的实体（比如人、物或其他系统），当找到外部实体后，软件的源点与终点便找到了。

（2）找出与外部实体之间的输入、输出数据流。

（3）在数据流图的边沿处画出软件的外部实体。

（4）从外部实体的源点出发，依据软件的逻辑需要，逐步画出一系列变换数据的加工处理过程，直到找到外部实体需要的终点，构成数据流的闭环。

（5）按照相关原则展开检查与修改。

按照上述的步骤即可描绘出所有子图。

4. 画数据流图的注意事项

（1）当设计数据流图时，一般不考虑数据流的动态关系，而只考虑其静态关系。

（2）画数据流图时，只考虑常规状态，不考虑异常状态。

（3）注意数据流图和程序流程图的区别。数据流图不描述做的顺序与"怎么做"，只描述"做什么"。

（4）数据流图需要经过多次反复修改才能完成。

（5）复杂软件的数据流图都很大，很难用几张纸描绘清楚，一般采用的方法是分层描述这个系统。在进行分层描述时，必须坚持信息的连贯性，即每次只细画一个加工。

3.4.4 数据流图实例

某高校的"实习信息服务平台"的用户分为三类：企业管理员、学校管理员、大学生。该系统分为四个模块：

1）注册/登录模块

（1）用户：企业管理员、学校管理员、大学生。

（2）功能：注册、登录与验证。

2）招聘模块

（1）用户：企业管理员。

（2）功能：企业发布岗位信息、查询学生应聘信息、发送面试通知。

3）应聘管理模块

（1）用户：大学生。

（2）功能：使用手机、平板电脑等移动设备查询企业招聘信息，发送应聘简历、查询面试通知。

4）系统管理模块

（1）用户：学校管理员。

（2）功能：对企业进行审核，对招聘信息进行统计。

上述系统的数据流图采用"自上而下、由外到内"的原则，按照三个层次进行梳理，其主要的数据流图如图 3.2、图 3.3、图 3.4 所示。

（1）首先画出顶层数据流图。将该系统看作一个整体，通过查看系统与外部的联系，定义若是从外部获取的信息就是系统输入信息，若是系统向外部输出的数据就是系统输出信息。实习信息服务平台的顶层数据流图如图 3.2 所示。

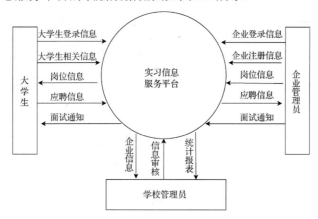

图 3.2 实习信息服务平台的顶层数据流图

（2）画出系统内部的一层数据流图，主要描述内部处理流程，如图 3.3 所示。

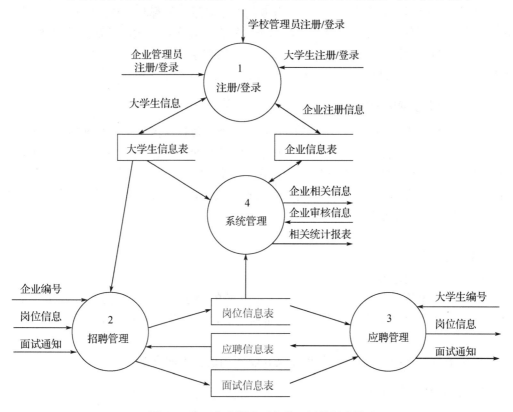

图 3.3 实习信息服务平台的一层数据流图

（3）画出实习信息服务平台的二层数据流图，如图 3.4 所示。

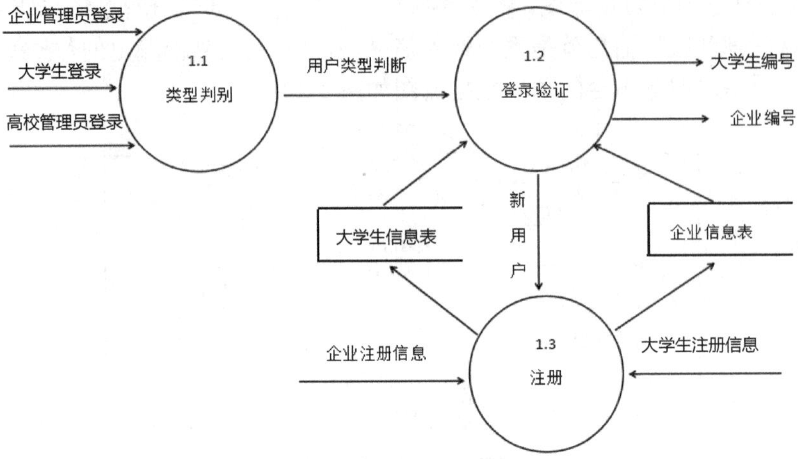

图 3.4　实习信息服务平台的二层数据流图

3.4.5　数据字典

针对数据流图中的所有元素，需要有专门的工具进行解释和汇总，这个工具即数据字典。其通常用在软件分析与设计中，用于给软件开发人员提供相关数据的描述。

数据流图与数据字典的关系非常密切，没有数据字典，人们就看不懂数据流图，没有数据流图，数据字典也失去了存在的价值。它们一起构成了软件的逻辑模型。

1. 数据字典的内容

类似普通字典，数据字典是供软件开发人员查找数据流图中相关数据项的说明。所以，应该将全部条目按照一定规则排列起来，以供查阅。数据字典中的定义不允许有任何重复，即一个名字只有一个条目，一个条目只能对应一个名字。数据字典中的全部条目最好按照"字典序"进行排列。通常，数据字典由以下四类元素构成。

（1）数据流（信息流）。

（2）数据流分量。

（3）数据存储（文件）。

（4）加工（处理）。

其中，数据流分量是组成数据流和数据存储的最小单位项；源点和终点是为了帮助软件研发工程师理解系统和外界接口而列入的，不在系统之内，故一般不在字典中说明。

对于数据处理的定义，使用 PDL 或 IPO 图描述会更加方便。

2. 定义数据的方法

在数据字典中定义数据流及文件时，采用数据字典中使用的符号列表（见表 3.3）

中的符号，将这些符号依据一定的规则进行组织就构成了数据字典。

表 3.3　数据字典中使用的符号列表

常用符号	意　义	补　充　说　明
=	被定义为	由……构成
+	"与"（和）	用来连接两个数据元素
[···|···]	或	可任选[ ]中的数据元素。例如，$Y=[c\|d]$表示 Y 由 c 或 d 构成
{···}	重复	对{···}中的内容可重复利用，如 $Y=\{c\}$ 表示 Y 由零个或多个 c 构成
(···)	可选/可不选	对（···）中的内容可选、可不选
$m\{···\}n$	重复	表示{···}中内容至少出现 m 次，最多出现 n 次。其中 m 和 n 为重复次数的上限与下限
···	连接符	$x=1···9$，表示 x 可取 1 到 9 中的任意一个值

●3．实例

数据字典为系统分析与设计、系统维护提供了数据的详细描述。在大型软件开发过程中，数据字典的信息会变得非常庞大，无法采用人工管理，一般将数据字典作为结构化分析设计工具（CASE 工具）的一部分实现。在开发小型软件或找不到合适的数据字典处理软件时，通常采用卡片书写数据字典，在每张卡片上保存好一个数据的描述信息。

在 3.4.4 节中有几个数据流图，以下是其中部分数据元素的数据字典卡片。

（1）数据流条目。

对数据流图中的数据流进行定义，主要包括数据流的名称、简介，数据流的来源、去向，数据的流通量和数据流的构成。

例 3-1　"实习信息服务平台"中的数据流"岗位信息"条目。

数据流名称：岗位信息。

简介：企业发布的岗位信息。

来源：企业管理员。

去向：加工处理 2"招聘管理"。

数据流量：1 000 份/月。

构成：企业编码+企业名称+企业岗位+实习人数+职位条件+实习工资。

（2）文件条目。

文件条目即给定某个文件的定义，通常列出由文件记录构成的数据流，还可以指明文件的组织方式。

例 3-2　3.4.4 节中的企业注册信息。

数据文件的名称：企业信息表。

简介：存储企业基本信息。

构成：企业编号＋名称+性质＋注册资金＋人数＋地址＋企业代表＋主营范围。

存储方法：顺序方式存储。

组织方法：以"企业编号"作为关键码。

频率：5 000 次/天。

（3）数据项条目。

提供某数据项的解释，一般是该数据项取值范围、值类型等。

例 3-3 企业性质的数据项。

数据项的名称：企业的性质。

简介：略。

类型：字符串。

取值长度：30。

值域：国有企业|有限责任公司|中外合资企业|外商独资企业|集体企业|个体企业。

（4）加工条目。

其是对数据流图的补充，事实上是"加工处理的额外说明"。因为"加工处理"是数据流图非常重要的组成部分，通常需要单独说明，所以数据字典是数据流图包含的各种元素（包括数据项、特征、结构、加工、流向等）的集合，用于对四类条目（数据流、数据项、文件及基本加工）进行描述。

3.4.6 处理过程描绘

通过数据流图对用户需求进行描述，然而一些详尽的信息无法在 DFD 中表示，比如业务的详细流程、数据项及相关的数据结构。常用来描述处理过程的方法是：结构化语言、判定树和判定表。

1. 结构化语言

它是一种半形式化语言，介于自然语言与形式语言之间。它既具有清晰易读的特点，又具有简单易懂的优势。结构化语言有以下三种形式。

（1）顺序结构。一般由一组选择语句、祈使语句及重复语句按照一定规则组成。

（2）选择结构。用 IF-THEN(-ELASE)-END IF 或 CASE-END CASE 等关键词构成的语句结构。

（3）循环结构。用 DO-WHILE-END DO 或 REPEAT-UNTIL 等关键词构成的语句结构。

例 3-4 假设某数据流图中有"职工二次分配"的加工（处理），指的是根据企业实际情况，对职工的工作进行再分配。规则如下：按照职工的年龄、性别及学历等情况，安排不一样的工作。若年龄小于（含）25 岁，初中学历将实施脱产学习，而高中学历安排当普工；年龄大于 25 岁小于等于 40 岁，学历是中学的男性安排当钳工，女性则安排做车工，不论男女如果是大学学历则当技术员；对于年龄大于 40 岁小于等于 50 岁的员工，中学学历的安排到一线当安检员，大学学历的当技术员。采用结构化语言编写上述规则，描述如下：

```
IF Age<=25 THEN
```

```
IF  学历=初中  THEN  脱产学习
END IF
    IF  学历=高中  THEN  普工
END IF
END IF
IF   25< Age <= 40 THEN
IF  学历=中学  THEN
            IF  性别=男  THEN  钳工
                ELSE  车工
          END IF
      END IF
      IF  学历=大学  THEN  技术员
END IF
  END IF
IF   40 < Age <= 50   THEN
IF  学历=中学  THEN  安检员
END IF
IF 学历=大学  THEN  技术员
END IF
END IF
```

2. 判定树

判定树（Decision Tree）又称为决策树。使用判定树描述数据处理过程类似于结构化语言，不过判定树更直观，主要用来描述一般组合条件，其缺点是不易输入计算机。

下面以一个实例说明判定树的组织方式。

例 3-5 画出以下处理的判定树。

某学校的特招笔试考核计算机、英语与数学，其复试及录取规则约定如下：①总分大于等于 240 时录取；②总分大于等于 180 分且小于 240 分时，若数学、英语成绩均在 60 分以上（含），需要参加面试，如果数学或英语中有 1 门成绩在 60 分以下（不含）的，需复试该科目后再决定是否录取；③其他情况不录取。用判定树表示录取"加工"，如图 3.5 所示。

3. 判定表

有些问题不是简单的条件判断而是组合条件的判定，此时使用 IF-THEN-ELSE 就比较困难，即便是可以使用，但对问题的描述不够清晰。对于此类问题则可以采用另一种描述工具——判定表。判定表采用表格化的形式，应用含有复杂判断的加工逻辑。条件越复杂，规则越多，越适宜用这种表格化的方式描述。

判定表也称为决策表，与结构化语言和判定树相比，其优点是能够清晰地表示复杂的条件组合与应做的动作之间的对应关系；缺点是判定表的建立过程较为繁杂，且表达方式不如前两者简便。

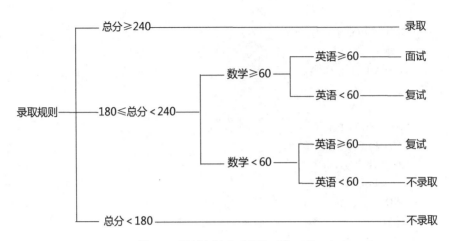

图 3.5　用判定树表示录取"加工"

判定表主要由以下四个部分构成。

① 在左上方列出全部条件;

② 在左下方是全部可能做的动作;

③ 右上方是把各种条件组合起来的矩阵;

④ 右下方是与每种条件进行组合后对应的动作。

判定表的右半部分的每一列与左半部分的任意一行构成一条规则,在判定表中可以看出每个规则对应的动作。

下面以行李空运为例说明判定表的使用方法

例 3-6　某航空公司运价表显示:当行李重量不大于 20kg 时,免费托运;当行李重量大于 20kg 时,对乘坐头等舱的乘客超重部分收费 4 元/kg,对乘坐经济舱的国内乘客超重部分收费 6 元/kg,对乘坐飞机的外国乘客,每千克收费比国内乘客高一倍,对残疾乘客,超重部分每千克收费是普通乘客收费的一半。用判定表对航空公司运费核算过程进行分析,行李运费判定表如表 3.4 所示。

表 3.4 的右上部分有 1,2,3,…,9,表示有 9 种情况。第一种情况是当行李小于等于 20kg。在表中 T 表示其对应行最左边的条件成立,F 表示条件不成立,空白表示没有该情况发生。判定表中画"×"表示左边的条件成立。比如,右边第一列只有一个条件成立,即当行李≤20kg 时,免费。

表 3.4　行李运费判定表

条件	1	2	3	4	5	6	7	8	9
乘客(国内)		T	T	T	T	F	F	F	F
头等舱乘客		T	F	T	F	T	F	T	F
乘客(残疾)		F	F	T	T	F	F	T	T
行李≤20kg	T	F	F	F	F	F	F	F	F
免费	×								
(W−20)×2				×					

续表

条件	1	2	3	4	5	6	7	8	9
$(W-20) \times 3$					×				
$(W-20) \times 4$		×						×	
$(W-20) \times 6$			×						×
$(W-20) \times 8$						×			
$(W-20) \times 12$							×		

 ### 3.4.7 状态转换图

在需求分析时，除了建立软件的数据模型与功能模型，还需要建立软件的行为模型，如在不同状态下，数据对象会出现各种不同的操作，因此应分析数据对象的状态，画出状态转换图，便于正确识别数据的状态。

该图形工具通过描绘软件系统的状态及导致系统状态转变的事件，来表示系统当前的行为。图中的状态主要有初始态、终止态和中间态。

在一个图中，只有一个初始态，而终止态有零至多个。

（1）初始态：系统启动时进入的状态。

（2）终止态：系统运行结束到达的状态。

（3）状态迁移：从一个状态向另一状态转变，一般用箭头来表示从某一种状态向另一状态转变。

（4）事件：某时刻出现的事情，即从某个状态转变到另一状态的外部事件的抽象表达。

通过例 3-7 说明如何用状态图创建行为模型。

例 3-7 在生活中，我们经常使用打印机，其工作过程大致如下：一开始处于闲置状态，当接到复印命令则进入复印状态，完成一个复印命令规定的工作后，又回到闲置状态，等待下一个命令；如果执行复印命令时发现缺纸，则进入缺纸状态，并发出警告，等待装纸，装满纸后继续进行未完成的工作；若复印时卡纸，立即停止复印，并发出警告，当排除故障后，返回到闲置状态。打印机状态转换图如图 3.6 所示。

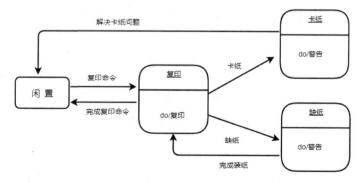

图 3.6 打印机状态转换图

3.5 其他工具

文字描述不直观，容易产生二义性。因此，在需求分析文档中常用图形工具代替部分文字叙述。前面章节已介绍了数据流图、状态图，本节将简单介绍经常用到的其他三种工具，分别是层次方框图、维纳图和 IPO 图。

3.5.1 层次方框图

在需求分析阶段，常用层次方框图描述数据的层次结构，用多层矩形框描述数据信息的层次结构。该图的最上层是一个单独的矩形框，用来表示数据结构的最上层；下面的每一层矩形框表示数据子集；最下层的矩形框表示不可再分割的数据元素。

由于软件架构的细化，采用层次方框图描述数据结构时需要更详细的信息。该工具比较适合需求分析阶段的需要。系统分析员从最上层开始，顺着每条路径逐步细化，直到数据结构的全部细节确定为止。

某计算机公司的产品层次方框图，如图 3.7 所示。

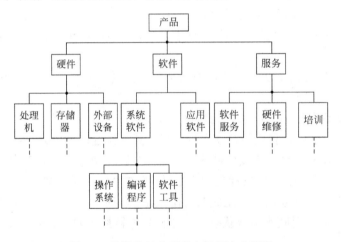

图 3.7　某计算机公司的产品层次方框图

3.5.2 维纳图

维纳（Warnier）图是由 J.D.Warnier 提出的，用来表示数据层次的一种图形工具。该工具可提供比层次方框图更丰富的描绘手段。在 Warnier 图中可以使用以下几种符号。

（1）大括号 {}：用来区分信息的层次。

（2）异或符号 ⊕：指出一个信息类或一个数据元素在一定条件下出现，符号上、下方的名字只能出现一个。

（3）圆括号（）：指出这类数据重复出现的次数。

例 3-8 设某高校有 10 个学院，每个学院下设 15 个系，30 个科，6 个实验中心，每个系分若干个专业，各个系的专业个数并不相同；校一级机关具有 2 个室、4 个部、5 个处，每个处分别设有若干个科和中心。某高校组织机构维纳图如图 3.8 所示。

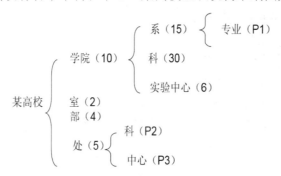

图 3.8 某高校组织机构 Warnier 图

3.5.3 IPO图

在需求分析阶段，我们需要对数据的输入、处理、输出过程建模，常用的建模工具是 IPO 图。IPO 图是由 IBM 公司发起并逐步完善的一种图形工具，用来描述数据的输入、处理、输出过程，其基本形式是三个矩形框，在最左边的矩形框中可以列出需要向软件系统输入的数据，在中间的矩形框中填入需要对前面的信息做哪些处理，在最右面的矩形框中列出产生的结果。在 IPO 图中需要用粗大箭头指出数据流动的方向。

例 3-9 图 3.9 所示为某省公务员考试成绩管理系统的 IPO 图，通过这个简单的例子可以使人简单了解 IPO 图的用法。

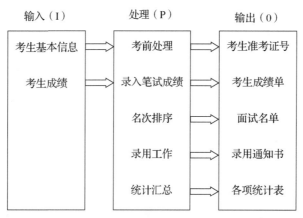

图 3.9 某省公务员考试成绩管理系统的 IPO 图

在需求分析阶段，软件研发团队总体上理解了用户的具体需求，核实并汇总软件的功能，记录软件所需的数据来源，描述处理相关数据的方式。最终，整理这些材料，形成软件需求规格说明书。

习题3

1. 试讨论需求分析的必要性？
2. 软件系统一般有哪些需求？
3. 需求分析需要经过哪些步骤？
4. 如何获取用户的真实需求？
5. 简单介绍一下数据流图，举例说明。
6. 简述数据字典的概念，并写出它有什么作用？

第4章 概要设计

在前一阶段的工作中，软件开发人员已经清楚必须"做什么"了，接下来进入软件的概要设计阶段，即将"做什么"转变成"怎样做"。同时，可以把软件设计阶段的成果写到软件设计规格说明书中。概要设计是软件设计阶段的第一步骤，仅描绘软件的整体结构，而在详细设计阶段，才要对软件结构进一步细化。

4.1 概要设计阶段的目标与任务

概要设计阶段的目标是确定软件系统的具体实现方案，给出软件的模块结构、编写总体设计文档等，即明确软件是由哪些模块构成的，厘清每个模块的功能、模块之间的调用关系及通信接口等。

在进行软件的结构设计时，主要以数据流图作为主要依据进行设计。因此，数据流图是软件开发人员进行方案设计的基础。第一，系统分析员可以在可选择的方案中选择多个可实现的方案；第二，通过比较来分析这些方案；第三，从这些方案中推荐最佳方案给用户负责人。

用户中的技术专家需要认真审查推荐的最佳方案，若该方案确实完全符合需求，而且在目前的条件下完全可以实现，那么在下一步提交使用部门（业务部门）负责人审查。若使用部门（业务部门）负责人同意该方案，接下来进入软件的结构设计阶段。需要将较复杂的软件实施功能分解，即将部分复杂的功能适当分解成较简单的功能，然后对软件的结构进行设计。

为了明确软件的结构，从实现的角度对软件较复杂的功能实施进一步分解。系统分析员将结合算法的描述分析数据流图中的每一个处理过程，若一个处理过程过于复杂，应将其进行适当分解，直到分解为若干较简单的功能为止。一般情况下软件的一个模块需要实现一个子功能。因此，软件的模块应该具有较清晰的层次结构，顶层的模块通过调用其下一层的模块，实现软件的完整功能，并且下一层模块将继续调用其下一层模块，实现软件的一个子功能，最下面的模块将实现具体功能。

一般而言，软件都需要与数据库交互，因此对于该类软件，系统研发员在需求分析阶段就需要明确软件的数据需求，继而进一步设计数据库。最终通过制订软件的测试计划，编写软件概要设计规格说明书，并组织相关人员进行复审。

4.2 概要设计阶段的启发规则

经过长期积累，在软件开发过程中人们总结了大量的经验，即得到了以下关于软件设计方面的准则。

4.2.1 软件结构设计的准则

软件结构设计的准则如下。

（1）软件的体系结构是对复杂软件的抽象，较好的软件结构可有效地处理多种个体的需求。

（2）在一定时间内，软件的体系结构需要保持稳定，从而确保软件接口的一致性。

（3）软件体系结构的好坏决定了未来软件是否高效、稳定、可靠。

4.2.2 软件模块设计的准则

软件模块的设计也需要遵循一系列准则。

1. 提高软件模块的内聚性，同时降低软件模块间的耦合性

当软件结构初步设计方案完成后，为了使模块具有独立性，应对软件结构进行审查与分析，经过一系列分解、合并模块操作降低耦合度，从而起到提高模块内聚性的要求。比如，若干模块共享某个子功能，此时建议分解出来一个公共子模块，以定义一个内聚度更高的模块，便于其他模块调用；有时候，可以将耦合度较高的模块进行合并，从而降低模块接口的复杂度。软件模块的分解与合并举例如图 4.1 所示。

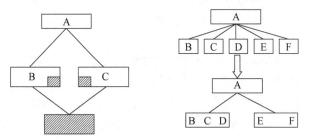

图 4.1　软件模块的分解与合并举例

2. 软件应该保持合理的深度、宽度及扇出与扇入

（1）软件深度是指软件结构中模块层次的数量，其在一定意义上讲，可以反映软件的规模与复杂度。若软件深度过深，则表明软件的层数太多，应审查某些模块是否可以合并。

（2）软件的宽度是指在同一层次中存在的最大模块数。通常来说，宽度越大的系统，软件的结构也越复杂。模块的扇出是影响软件宽度的最大因素。

（3）软件扇出是指某个模块可以直接调用的模块数量。一般而言，一个较好的软件结构，其平均扇出数不会大于 9。扇出太高表明模块过多，此时可适当提高中间层次的模块数；但扇出过低也不行，如果扇出过低，会将下级模块分解成若干子模块，或者将其合并到上级模块。

（4）软件扇入是指某个模块被若干上级模块调用的数目。某个模块的扇入越高，表明共享该模块的上层模块数量越多，这样做虽然有一定好处。不过，一般不要违背软件模块的独立性原理，过分追求高扇入。

通常来讲，一个较好的软件结构，一般是第一层扇出要高，中间的层次扇出低，下面的层次扇入高。

3．接口设计须简单化

软件模块接口的设计应追求信息传递的简单化，并且要求其与模块功能一致。若模块接口过于复杂，将产生低内聚、高耦合的软件结构。

4．模块规模需进行适当划分

为了提高模块的可读性，软件模块的设计不宜过大。

在软件结构设计中，以上准则是经过长期实践总结出来的，不过其不是软件设计过程中必须遵循的普遍原理。因此，在实际的软件结构设计中，应依据软件规模的大小、实现的难易程度决定如何应用上面的规则。

4.3　软件设计的基础

自从软件工程学科形成，通过多年的实践与总结，在软件的设计领域产生了一些需要普遍遵循的基本原理，它们是软件设计的基础。

4.3.1　模块化

软件模块是软件的基础元素，其可以单独命名。模块是构成软件的基本构件，也是用来组合、分解与更换的基本单位。

软件模块化是指为了解决某个复杂问题，采用自顶向下逐步将软件划分成多个模块的过程，目的是降低软件的复杂度，使得软件的设计、测试与维护等工作变得简单。

假设函数 $Com(x)$ 表示问题 z 的复杂度，函数 $E(z)$ 表示为了解决问题 z 需花费的时间。对于问题 Q1 与 Q2，若满足 $Com(Q1) >Com(Q2)$，则表明 Q1 比 Q2 复杂；若 $E(Q1)>E(Q2)$，则表明问题越复杂，需要花费的时间越多。

一般而言，存在一个规律：

$$Com(Q1+Q2)>Com(Q1)+Com(Q2)$$

也就是说，若某问题由 Q1 和 Q2 两个问题组成，其复杂度一般大于分开考虑每个问题时的复杂度之和。

综上所述可得到不等式：$E(Q1+Q2)>E(Q1)+E(Q2)$。

从上面的不等式可以得出以下结论：可以将复杂的问题化解成若干容易解决的小问题，从而使原来较难的问题变得容易解决。这也是实施模块化的原因。

试想：若对软件进行不断分割，是否软件开发的工作量会越来越小呢？实际上，软件开发工作量的多少还应考虑一个重要因素。正如图 4.2 软件模块数量与成本的关系所示，随着软件的模块数目增加，每个模块的规模逐渐变小，而开发一个模块的工作量减少了，不过模块间需要通信，因此模块间的接口需要的工作量将持续增加。综合考虑两个因素，可以得到总成本曲线。每个软件都有一个最适当的模块数目 M 使得软件的开发成本最低。当然，模块划分的多少应当取决于它的功能与应用。因此，很难精确地确定 M 的数值。通过上面的分析可知，软件模块化的过程必须致力于降低模块与外部的联系，提高模块的独立性，这样才能有效降低软件复杂度，使软件设计、测试、维护等工作变得更加容易。

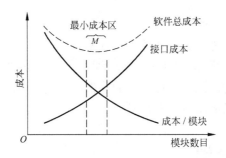

图 4.2　软件模块数量与成本的关系

4.3.2　抽象

在我们认识自然界的事物与现象时，需要经常使用一种思维工具，那就是抽象。软件研究者在长期的实践中发现，现实世界的事物、行为等具有一些共性，将相似的因素概括起来，忽略其中的差异，就是抽象的过程。

实际上，软件工程中涉及的每一步都是对软件系统解决方案的一次精细化。比如，在可行性研究阶段，研究对象是整个软件方案；在需求分析阶段，重点是描述软件需求方案；不过，由概要设计向详细设计转换时，抽象的程度随之降低；当软件开发完成后，实际的产品做出来了，此时达到抽象的最底层。

4.3.3　逐步求精

为了可以集中精力解决关键的问题，要尽量推迟考虑问题的细节。依据该设计策略，软件的体系结构是经过逐步细化处理而设计出来的。经过对需求分析报告中的用户需求进行细化、精化，逐步将其转换成软件的层次结构，直到得出可以用一门计算机程序设计语言表达的应用程序。

 ### 4.3.4　局部化和信息隐藏

采用模块化的软件设计思想，可以降低软件设计的复杂度，从而降低软件开发成本。如何将一个软件分解成最合适的模块组合呢？人们采用的方法是局部化和信息隐藏。局部化是指让某些关系密切的元素彼此靠近。当在软件测试阶段与软件维护阶段需对软件进行修改时，采用信息隐藏当作模块化设计的规范、标准会给我们带来许多好处。对于软件的其他部分而言，软件中的绝大多数数据与过程是隐蔽的，因此在修改软件时，无论产生何种错误，传播到软件其他部分的可能性会降低。

 ### 4.3.5　模块独立性

对于一个模块来说，其独立性是设计阶段的关键。模块化较好的软件更容易开发，原因是模块功能分割明确且接口易简化，当工程师协作开发一个软件时，该优点显得尤其重要。一个独立的软件模块较容易进行测试与维护。由于修改软件设计与程序所需的工作量较小，因此软件错误传播的范围小，进一步扩充功能时可以"插入"模块。

我们一般从模块的耦合与内聚两个方面度量软件的独立性。其中，耦合是对不同模块彼此间互相依赖程度的衡量。耦合度越低，模块间的关联越简单。一个模块内部各元素间的紧密程度采用内聚衡量。通常，内聚需要尽量高，即每个模块尽量实现一个相对独立的子功能。

1. 耦合

耦合是对软件系统结构内部不同模块之间联系程度的度量。在软件结构设计中普遍追求低耦合的系统。因为该类软件便于测试、易于修改和便于维护。

模块之间的耦合一般分为数据耦合、控制耦合、特征耦合、公共环境耦合、内容耦合等。

1）数据耦合

两个模块之间使用参数交换信息，并且交换的信息仅限于数据，因此该耦合属于数据耦合。软件中肯定存在该类耦合，其属于低耦合。

2）控制耦合

当模块之间传递控制信息时，该类耦合属于控制耦合。其耦合度属于中等层次。

3）特征耦合

将整个软件的某个数据结构整体当作参数传递，不过被调用的模块仅需使用其中一些数据时，即所谓的特征耦合。其属于中等层次耦合。

4）公共环境耦合

若两个或若干个模块经过某个公共数据环境进行相互作用，则称为公共环境耦合。其中，公共环境一般是全程变量、内存共享区、共享通信区、物理设备等。

对于公共环境耦合复杂度的评估，实际上是随着耦合的模块个数不断变化的，若耦合模块的个数不断增加，其复杂程度也会显著增加。

5）内容耦合

其是最高程度的耦合。若出现以下情况，两个模块之间就出现内容耦合。

（1）某个模块访问其他模块内部的数据。

（2）某个模块不是经过正常入口转到其他模块的内部。

（3）两个模块中存在部分代码重叠的情况。

（4）某个模块存在多个入口。

总而言之，在对模块进行设计时，尽可能将模块间的联系降到最低程度。其设计原则为：尽可能多地使用数据耦合，尽量少采用控制耦合与特征耦合，控制公共环境耦合的作用区域，摒弃内容耦合。

●2. 内聚

衡量某个模块的内部元素之间紧密程度的指标是内聚。内聚与耦合密切相关，模块内部的高内聚表明模块之间的关系是松耦合的。通常，内聚可分为低内聚、中内聚与高内聚。

1）低内聚

（1）某个模块实现一组具体的任务，这些任务之间的关系是松散的，这就是所谓的偶然内聚。

（2）在逻辑上，若某个模块实现的任务是相同的或类似的，则称之为逻辑内聚。

（3）若某个模块需要完成的任务要在某个时间内完成，则称之为时间内聚。

2）中内聚

（1）某个模块内部的元素要以既定次序执行，且元素之间是相关的，则称之为过程内聚。

（2）某个模块中的全部元素采用同一个输入数据或产生相同的输出数据，则称之为通信内聚。

3）高内聚

（1）若某个模块内部处理的元素和某一个功能密切相关，并且该处理要按照某一顺序执行，则称之为顺序内聚。

（2）若某个模块内部的全部处理元素归类为一个整体，实现一个单一功能，则称之为功能内聚。我们要知道，功能内聚是程度最高的内聚。

对内聚程度进行评分可以得到以下结果：

① 偶然内聚 0 分；

② 逻辑内聚 1 分；

③ 时间内聚 3 分；

④ 过程内聚 5 分；

⑤ 通信内聚 7 分；

⑥ 顺序内聚 9 分；

⑦ 功能内聚 10 分。

4.4　软件设计工具

本节将介绍在软件设计阶段常用到的几种图形工具，它们分别是软件层次图、HIPO图、软件结构图。

4.4.1　软件层次图

软件层次图一般被用来描述软件系统的层次结构。在软件层次图中，一个矩形表示一个模型，矩形之间的连线表示调用关系。文字处理系统的层次图如图 4.3 所示，最上层的矩形框是主控模块，其调用下面的模块实现全部功能，在第二层中，每一个模块都用于实现文字处理的某个功能。例如，"编辑"模块通过调用下面的模块实现编辑功能。

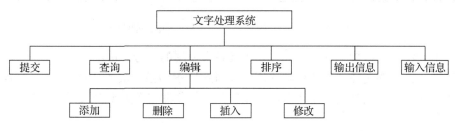

图 4.3　文字处理系统的层次图

4.4.2　HIPO图

IBM 公司的工程师发明了 HIPO 图，即层次+输入/处理/输出图。除第一层的方框外，可以为层次图的每个方框都加上编号。HIPO 图举例如图 4.4 所示，一个完整的 HIPO 图是由层次图（H 图）、概要 IPO 图及详细 IPO 图三部分构成的。

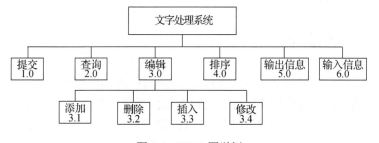

图 4.4　HIPO 图举例

4.4.3　软件结构图

如何描述软件的组成及调用关系呢？此时用得较多的是软件结构图。在进行软件结构设计的过程中，软件结构图是非常好用的工具。在软件结构图中，一个矩形框表示一个模块，在矩形框内注明名字或功能；矩形框间的箭头或直线表示调用关系。当线的尾部是空心圆时，表示此时传递的信息是数据，而实心圆意味着此时传递的是控制信息。结构图的例子——产生最佳解的一般结构如图 4.5 所示。

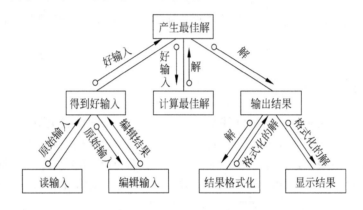

图 4.5　结构图的例子——产生最佳解的一般结构

以上介绍的是结构图的基本符号，即最经常使用的符号。此外，还有一些附加的符号可以表示模块的选择调用或循环调用。图 4.6 所示为当模块 M 中某个条件判定为真时调用模块 A，为假时调用模块 B。图 4.7 所示为模块 M 循环调用模块 A、B、C。

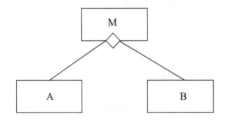

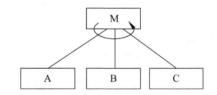

图 4.6　当模块 M 中某个条件判定为真时　　　　图 4.7　模块 M 循环调用模块 A、B、C
　　　　调用模块 A，为假时调用模块 B

4.5　结构化的设计方法

所谓结构化的设计方法是按照一定的流程将数据流图映射成软件结构图的方法。在需求分析阶段，一般用数据流图描述数据在软件系统中的处理与流动情况。软件结构化的设计方法采用了一种"映射"机制，将数据流图变换为软件结构图，在更高层次上对软件结构进行讨论。

4.5.1　数据流图分类

上面提及了一种特殊的"映射"方法，而采用何种映射方法，与信息流的类型相关。我们将信息流分为变换流与事务流两种类型。

1）变换流

输入信息先沿通路进入系统，此时由外部输入转换成内部输入，继而经过变换中心，在此进行加工处理，然后沿输出通路转变成外部结构并离开软件系统。若信息流满足上面描述的特征，则该信息流称作变换流。

图 4.8 所示为变换型数据流图。该类数据流图呈线性结构，由输入流、变换中心、输出流三部分构成。

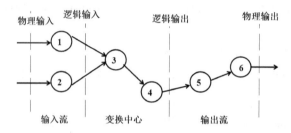

图 4.8　变换型数据流图

2）事务流

某数据信息流沿输入通路到某个事务中心 T，此时依据输入数据的类型，在一系列动作序列中选出一个来执行，该类数据流称作事务流。图 4.9 中的 T 主要实现下述任务。

（1）接收事务。

（2）分析接收到的事务并确定它的类型。

（3）依据事务类型选择一条活动通路。

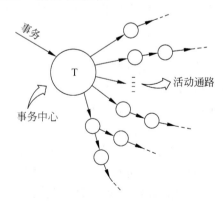

图 4.9　事务型的数据流图

4.5.2　软件结构化设计方法的步骤

（1）对数据流图进行复审，适当进行修改与细化。对数据流图仔细复查，并不断地进行精化。不但要将数据流图转换成合适的逻辑模型，还要将图中的处理转换成某个子功能。

（2）对数据流图的类型进行确定。

①　若是变换型，明确输入与输出的界限，找到变换中心，转换成变换结构的顶层与第一层。

②　若是事务型，明确事务中心、活动路径，转换成事务结构的顶层与第一层，从而创建软件结构的初始框架。

（3）对上层模块进行分解，并对中下层模块进行设计，依据软件设计方法对软件结构进行细化并改进。

（4）继续导出接口的描述与全程数据结构。

（5）实施多次复审。若有错，继续修改完善，否则进入详细设计阶段。

4.5.3　变换型分析设计

若经过判断，确定当前的数据流图是变换型的，通常依据下面的步骤组织软件设计工作。

1. 明确输入与输出边界，确定变换中心

如何确定变换中心是该步骤的核心工作，同样也是一项非常困难的工作。有的软件非常明显，比如当看到若干数据流汇集到一点时，此处可看作变换中心。若变换中心不好确定，一般先找出输入与输出，输入与输出之间的部分便是变换中心。不过，一个规模较小的软件一般只有一个变换中心，较大的软件可以有多个变换中心。我们可为每一个变换中心创建一个变换模块，其功能是接收输入，做加工处理，再输出。

2. 确定软件的顶层与第一层

（1）输入模块：对全部输入信息进行接收。

（2）变换中心：对内部数据进行变换操作。

（3）输出模块：对输出信息的产生进行协调。

图 4.10 所示为软件的顶层与第一层的变换举例，该图仅有一个变换中心，此时便明确了主模块的位置，即软件结构的顶层。当设计完顶层之后，就进入第一层的设计。而第一层至少要包括三个功能模块，即输入、输出与变换中心。给每个输入创建一个输入模块，目的是为主控模块提供输入信息；接下来给变换中心创建一个变换模块，目的是接收输入，变换后再输出；给每个输出创建一个输出模块，目的是从主控模块接收输

出信息。模块间的数据传输与数据流图严格对应。

举例：

在图 4.11 所示的变换型数据流图（有边界）中，该数据流图只有一个变换中心，这就是软件结构的顶层。当设计好顶层后，便开始设计第一层。图 4.12 所示为由图 4.11 得到的初始结构图，第一层应该包含输入、输出与变换中心三个模块。

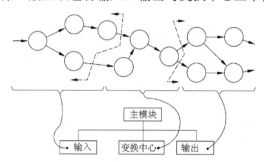

图 4.10　软件的顶层与第一层的变换举例

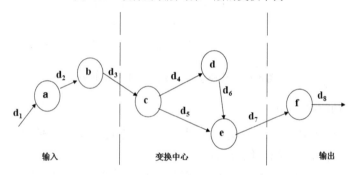

图 4.11　变换型数据流图（有边界）

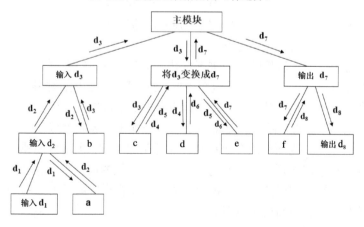

图 4.12　由图 4.11 得到的初始结构图

⊙3．中下层模块的设计

图 4.13 所示为其他层级模块的设计过程举例，对于中下层模块进行设计时，一般

采用自顶向下、逐步精化的思想，为每个模块分别设计出下属模块。最后将其映射成软件结构中一个适当的模块，完成中下层模块的设计。

（1）一般从变换中心的边沿处沿着输入通路移动，将输入通路中的每个处理转换成软件结构输入模块下的某个低层模块。

（2）接着沿输出通路移动，将输出通路中的处理转换成输出模块控制（直接或间接）的、更低层的模块。

（3）将变换中心的处理转换成变换模块控制的模块。

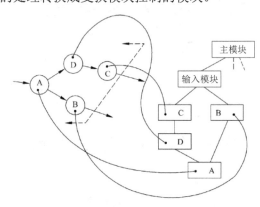

图 4.13 其他层级模块的设计过程举例

🔵 4. 优化初始结构图

根据上述步骤得到软件的初始结构图，须依据前面所学的软件设计原理与软件设计准则，对该软件结构组织优化求精。

第一，对输入与输出部分进行求精。对任意物理输入创建专门模块，当发现它与转换数据的模块都过于简单时，可将其合并成同一个模块。

第二，对变换部分进行求精。依据模块独立性的原理，遵循低耦合、高内聚的原则，合理地对软件模块实施合并或再分解。

事实上，对于如何对软件结构图进行优化、求精，不同的人有不同的操作方式，因此其是一项经验性很强的工作。数据流图中的"加工"对应到软件结构中的某个模块后，再依据经验和设计原理进行修改。因此，对映射规则不可以生搬硬套，需要依据实际情况进行变换。比如，有的时候可能要将两个或多个加工一起映射成同一个模块，而有时可能要将一个加工转换为两个或多个模块，并且无加工时，也可能创建一个模块。因此人们需要依据具体情况灵活掌握设计方法，在实现功能的前提下，精化每个模块的接口设计，确保每个模块的规模适中，使模块高内聚、低耦合，最后得到易于实现、便于测试、便于维护且具有良好特性的软件结构。

📑 4.5.4 面向事务型数据流图的设计

通过上面的学习，我们已经可以采用变换型分析方法设计软件结构。实际上，采用该方法设计软件结构是比较通用的做法。不过，当数据流具备明显的事务特征时，即拥有较明显的事务中心时，使用面向事务型分析方法会更好些。

　　而面向事务型分析方法的软件设计步骤与变换型分析方法的软件设计步骤类似，它们仅仅在映射方法上有所区别。由数据流图转换成的软件结构包含一个接收分支与一个发送分支。转换出接收分支的方法与变换型分析方法转换成输入结构的方法类似，即从事务中心的边沿开始，继续沿着数据流通路的处理转换成对应的模块。而发送分支的软件结构包含一个调度模块，其控制下层的所有模块；接着，将数据流图中的所有活动流通路转换成与其特征对应的软件结构。图 4.14 所示为事务型数据流图的映射方法。

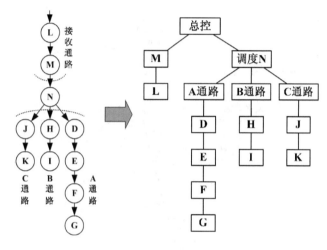

图 4.14　事务型数据流图的映射方法

4.5.5　综合分析设计

　　例 4-1　开发一个带有微处理器的车辆仪表控制软件。下面是该软件功能方面的需求。

　　（1）车辆传感器信号经过微处理器接口实现模数转换。

　　（2）将相关数据显示在面板上，并在面板上显示车速，即每小时的公里数及总路程与油耗（百公里用油量）等；当车辆加速或减速时，显示车辆加速或减速，并且可以发出超速警告，若车速大于 120km/h，将发出报警声。

1. 软件设计的步骤

1）重新审查软件的模型

该步骤的目标是明确软件的输入数据与输出数据是否完全符合现实的需要。

2）重新审查与细化数据流图

该步骤须对数据流图进行认真核查，并实施精化、细化。首先，需要确保当前的数据流图已经表示出目标系统的逻辑模型；其次，让数据流图中的所有"处理"都成为一个子功能。

例 4-1 的数据流图如图 4.15 所示。

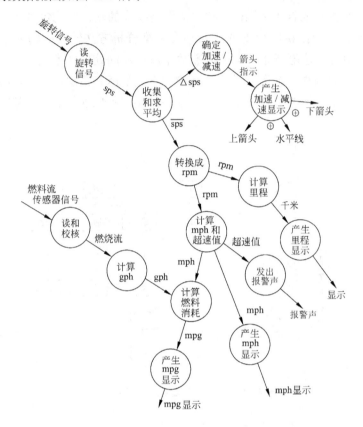

图 4.15　例 4-1 的数据流图

3）分析当前的数据流图是属于变换特性图还是属于事务特性图

从图 4.15 中可看出，当前数据沿着两条输入通路通向软件系统，随后沿着数条通路分散离开，看不出较明显的事务中心，所以将该数据流图归纳为变换类的数据流图。

4）明确输入流、输出流的边界，从中找出变换中心

如何界定输入流与输出流的边界？实际上，不同的软件开发人员具有不同的思路，在选择边界位置时，选择的边界点不同，不过这种选择差异的影响非常小。

边界被划分后的数据流图如图 4.16 所示。

5）实现第一级分解

第一级分解方法如图 4.17 所示，图中给出"第一级分解方法"。其中处于顶层的模块 Cm 具有控制、协调下面若干模块的功能。

（1）模块 Ca 用作输入信息处理，用来处理输入数据。

（2）模块 Ct 用作变换中心，其对内部数据的全部操作进行管理。

（3）模块 Ce 用作输出信息处理，对输出信息及信息的产生过程进行协调。

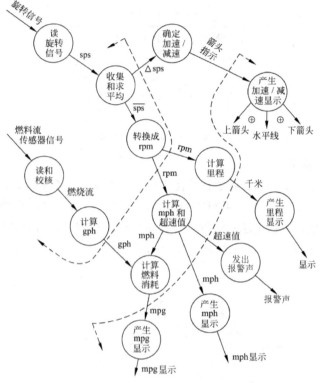

图 4.16 边界被划分后的数据流图

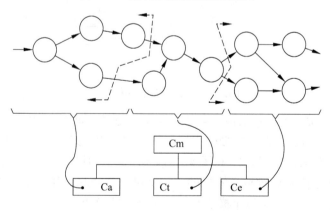

图 4.17 第一级分解方法

图 4.17 所示的第一级分解方法将上面的数据流分解成拥有三个分支的软件结构，接下来，一般用两个或若干个模块实现其上一层模块的功能，尽量使得第一层级的模块数取得最小值。

实施第一级分解如图 4.18 所示。

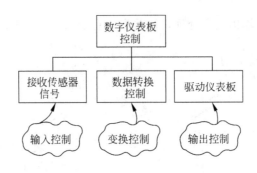

图 4.18　实施第一级分解

6）实现第二级分解

接下来实现第二级分解，将数据流图中的处理转换成一个模块。具体过程如下：从变换中心边沿处出发，将输入通路的处理转换成软件中 Ca 控制的模块；接下来沿着输出的通路往外移动，将输出通路的处理转换成 Ce 控制的模块；最后将变换中心里面的处理转换成被 Ct 控制的模块。实现第二级分解的途径如图 4.19 表示。

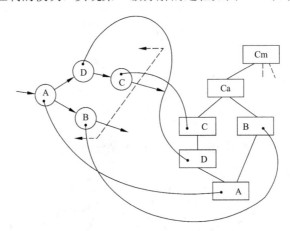

图 4.19　实现第二级分解的途径

在图 4.19 中实现了软件的模块与数据流图的处理之间的映射关系，不过不一样的映射关系也常常出现。因此，需要依据实际情况实施第二级分解。对于例 4-1，其第二级的结果可用图 4.20、图 4.21 和图 4.22 描述。此三图描绘了软件设计的初步结果。因此，尽管在各个图中通过每个模块的名字就可以得知其功能，不过为了更清晰地表达，在具体实施时，最好给每个模块写出一个简单的说明。

7）进一步细化

结合实际情况，使用软件设计的原理与准则将第一次分割而获得的软件结构实施进一步的细化。

由第一级分解而来的软件结构，一般依据模块的独立原理实施细化。为了获得更加合理的分解结果，最终要设计出一个易于实现且易于维护的系统结构，因此需要将初步分割而获得的模块实施进一步分解、合并。

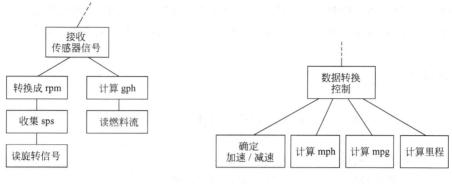

图 4.20　未经精化的输入结构　　　　图 4.21　未经精化的变换结构

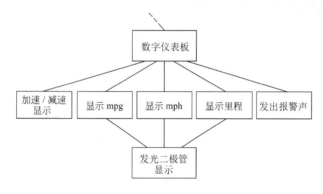

图 4.22　没经过精化的软件结构

在本例中，经过前面步骤得到的软件结构可进一步完善，步骤如下。

（1）将输入模块"转换成 rpm"与"收集 sps"合并。

（2）将"确定加速/减速"模块放到"计算 mph"的下面，这样会降低模块的耦合度。

（3）可以把"加速/减速显示"放到"显示 mph"模块的下面。

通过上述步骤的完善后得到的细化后的数字仪表板系统的软件结构如图4.23所示。

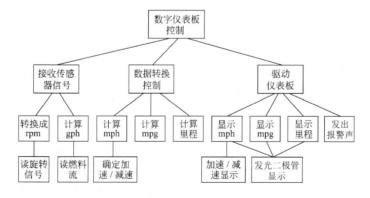

图 4.23　细化后的数字仪表板系统的软件结构

上述 7 个步骤的设计给出了软件的整体表示，确定了软件的整体结构。后面可以将它作为一个整体进行复审，从而进一步完善软件结构。在此阶段进行修改，只需要很少的附加工作就可以对软件质量特别是软件的可维护性产生至关重要的作用。

习题4

1. 试说明总体设计阶段的主要目标与任务。
2. 试给每一种模块耦合列举一个具体实例。
3. 试给每一种模块内聚列举一个具体实例。
4. 试解释模块耦合性与软件可移植性之间的关系。
5. 请比较软件结构图和层次图的异同。

第5章 详细设计

> 总体设计是软件结构的建立过程，它将软件系统分解成多个模块，并决定每个模块的外部特征，即功能和界面（输入和输出）。详细设计是对总体设计的细节进行完善，给出软件结构中每个模块的内部特征（数据结构、算法和接口）的描述和说明，以便在编码阶段把该描述直接翻译为某种程序。
>
> 详细设计阶段的主要工作是为软件中的每个模块提供特别详细的过程化描述，所以也称其为"软件过程设计"。

5.1 详细设计阶段的目标与任务

1. 目标

详细设计阶段需要确定如何具体实现软件。通过这个阶段的工作，可以得出对目标系统准确而全面的描述，即为软件结构中的每个模块明确其使用的算法与块内数据结构，使用某种选定的设计工具并更清晰地描述出来，从而在编码阶段把这个描述翻译成使用某种编程语言可以书写的程序。

2. 任务

设计程序的蓝图是详细设计阶段的主要任务，软件开发人员可以根据蓝图写出相应的代码。因此，详细设计阶段的任务可以分解为以下几个小任务。

（1）明确每个模块采用的算法。
（2）明确每个模块使用的数据结构。
（3）明确每个模块设计的接口。
（4）设计测试用例。

5.2 结构化程序设计介绍

E.W.Dijkstra 提出了结构化程序设计的概念。经验证分析，采用"顺序""选择"与"循环"三种控制结构就能实现任何程序的设计工作。下面介绍结构化程序设计的概念：若一个程序的代码只有顺序、选择、循环三种控制结构，而且每个代码仅有一个入口与一个出口，这就表明该程序是结构化的。

结构化的程序一般具有四个特征：①一个入口；②一个出口；③无死语句；④无死循环。

该设计方式采用自顶向下、逐步求精的方法，并且采用单入口、单出口控制结构。所谓逐步求精，即在概要设计阶段采用逐步求精的方法，将一个复杂的问题分解成许多简单问题。在该阶段使用此方法可以将一个模块的功能逐步划分成一系列具体的步骤。

5.3 详细设计工具

我们把描述每个模块或程序处理过程的工具称作详细设计工具，主要有图形工具、表格工具、描述语言三类。无论哪类工具，基本要求是可以为软件设计工作提供准确、无歧义的描述，因此其能够指明控制流程、加工与处理功能、数据资源的组织及实现细节，即在编码阶段把该描述翻译成相应的代码。

当前，作为详细设计工具的模型有几十种，除了 HIPO 图、判定树及判定表，还有以下几种常见的详细设计工具。

5.3.1 程序流程图

程序流程图又可以称为程序框图，它非常易学，表达算法非常直观，是历史最悠久且使用最广泛的工具。程序流程图的缺点是其不太规范，尤其是采用箭头使程序质量受到很大影响，所以必须加以限制才能使其成为规范化的详细设计工具。

程序流程图中使用的符号如图 5.1 所示。

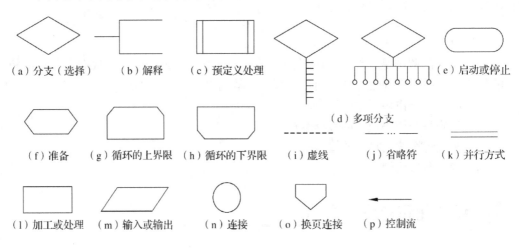

图 5.1　程序流程图中使用的符号

为了采用程序流程图描绘结构化程序，通常来讲，只允许采用顺序结构、选择结构与循环结构共三种基本控制结构（见图 5.2）。

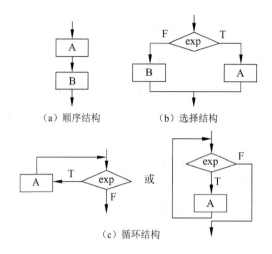

图 5.2　程序流程图的三种基本控制结构

程序流程图的优点是对控制流程的描述非常直观、结构清晰、易于理解、易于修改，便于初学者掌握，是开发者普遍采用的工具，但是它也具有较突出的缺点，具体有以下几个方面。

（1）其不是逐步求精的好工具，因为其使程序员过早思考控制流程，并不是考虑程序的总体结构。

（2）因为其用箭头代表控制流，所以程序员不会受到任何约束，可能违背结构程序设计的思想，可能随意转移控制，很容易开发出非结构化的应用程序。

（3）其不容易转换成数据结构与层次结构。

因为专业人士比较熟悉程序流程图，所以虽然其有种种缺点，甚至有一些专家建议停用，但是它至今仍在广泛使用，尤其它比较适合小模块的程序。不过，总的趋势是使用程序流程图的专业人士越来越少。

5.3.2　N-S图

→ 1. N-S 图基础

在描述程序逻辑时，为了克服程序流程图的随意性缺点，Nassi 与 Shneiderman 提出使用 N-S 图（盒图）代替程序流程图，其主要特点是只能描述结构化程序所允许的标准结构，它是面向过程设计中经常使用的一种图形工具。

盒图仅包含五种基本成分，分别表示对应的标准控制结构。图 5.3 给出了结构化控制结构的盒图表示，也给出了调用子程序的盒图表示方法。

在盒图中，每步"加工处理"都用一个盒子图形表示，必要时，盒子内可以嵌套另一个盒子，只要一张图可以容纳在一张纸上，嵌套深度便不受限制，因为需要从上面进入盒子，从下边出盒子，没有其他的入口、出口，因此盒图限制了控制转移的随意性，确保了程序的结构良好。

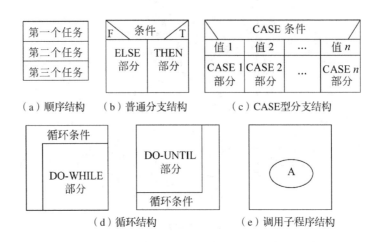

图 5.3　结构化控制结构的盒图表示

用盒图作为详细设计的描述手段时，经常使用两个盒子：①数据盒；②模块盒。数据盒描述相关的数据，涵盖全局数据、局部数据与需要输入的参数。模块盒描述其执行过程。

2. 盒图的特点

（1）能够明确地表达功能域，并且功能域可从盒图中看出来。
（2）不能任意转移控制。
（3）比较容易确定全局数据、局部数据的作用范围。
（4）表示嵌套关系十分容易，很容易表示层次结构。

3. 盒图的优点

（1）该工具强制软件设计人员依照结构化程序设计的方法进行设计，确保了软件的质量，保证了应用程序的质量。
（2）盒图形象直观，功能域明确，结构层次清晰。
（3）盒图简单、易学且易用，应用范围非常广泛。

4. 盒图的缺点

应用程序嵌套的层数越多，内层的方框越小，这样必然会增加画图的难度，手工修改也比较麻烦，这是有些软件开发人员不用它的主要原因。

5.3.3　问题分析图

1. 问题分析图基础

问题分析图（PAD 图）是一种计算机算法的描述工具。该工具采用从左到右展开的树形结构图描述应用程序的逻辑。使用 PAD 图描述应用程序的流程可以使程序变得一目了然，依据 PAD 图编写的应用程序，无论由谁编写，都可以得到风格完全相同的源程序。

PAD 图由顺序结构、选择结构、循环结构三类基本元素组成，图 5.4 所示为关于 PAD 图的基本组成符号。

2. 主要优点

（1）采用 PAD 图设计出的程序肯定是结构化程序。

（2）该工具描绘的应用程序具有十分清晰的结构，最左侧是应用程序的主线。随着应用程序层次的提高，其逐渐向右延伸，当增加一个层次时，图形向右即可扩展一条竖线。图中竖线的总条数即应用程序的层次数。

（3）采用 PAD 图表示应用程序的逻辑时，程序变得易读、易懂。

（4）PAD 图既可以用于描绘数据结构，又可以表示程序的逻辑架构。

（5）将 PAD 图转变成高级语言应用程序时，该转换可以用应用软件工具完成，以便提高软件的生产效率和软件可靠性。

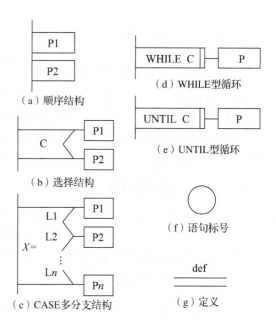

图 5.4 关于 PAD 图的基本组成符号

（6）该工具的符号支持自顶向下、逐步求精的建模过程。软件设计者先定义一个抽象的程序，随后使用 def 符号逐步增加细节，直到完成软件的详细设计，采用 PAD 图工具逐步求精的过程如图 5.5 所示。

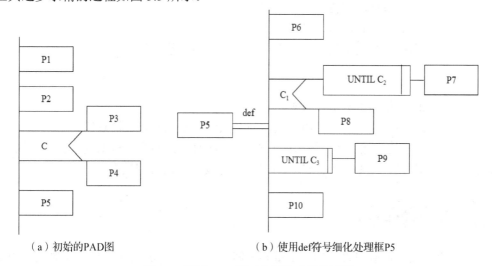

图 5.5 采用 PAD 图工具逐步求精的过程

PAD 图为每种高级语言都提供了一套图形表达符号。因为每种控制语句都有一个与之对应的图形符号，所以将 PAD 图转变成与之对应的高级语言更容易一些。

5.3.4 过程设计语言

过程设计语言（PDL）是一种被用于描述软件功能模块的加工细节及算法设计的伪码语言。其语法结构是开放式的，即其外层的语法是较固定的，然而内层的语法结构则是不确定的。PDL 的外层语法通常用于描述控制结构与数据结构，我们可以用 IF-ELSE、WHILE、UNTIL 等关键字进行支撑，因此是确定的，然而内层的语法不仅可以使用自然语言描述，也可以混合使用各种语言或符号描述具体操作。PDL 与实际的高级程序设计语言的不同之处：因为 PDL 的语句可以嵌入自然语言，所以 PDL 是不可以被编译执行的。

1. PDL 的主要特点

（1）具有固定语法，给软件设计人员提供了结构化的控制结构。

（2）它描述处理时，可以用自然语言进行说明。

（3）既可以描述简单的数据结构，又可以描述复杂的数据结构。

（4）可以提供各种接口描述模式。

2. 优点

（1）可以将 PDL 的语句作为注释放在源程序里面。这样可以促使软件维护人员在修改程序代码的同时，相应地修改 PDL 的注释，因此便于保持应用程序的一致性，从而提高文档的质量。

（2）容易编辑，使用普通的编辑软件便可以很方便地对 PDL 进行编辑。

（3）非常便于理解，跟自然语言类似。

（4）由于是语言形式，所以易于被计算机处理。

（5）由于同程序是同结构的，从中自动产生程序亦较容易。

3. 缺点

（1）不如图形化的工具形象直观。

（2）当用于描述复杂的条件组合及对应关系时，不如判定表清晰简单。

支持 SP 方法的描述手段（结构化流程图、N-S 图、PAD 图、PDL 等）各有优缺点，总的说来，PDL 是比较令人满意的，所以在软件设计阶段应用较多。

5.4 用户界面设计

用户界面设计是接口设计的一个重要内容。目前，用户界面在软件系统的设计中占的比例越来越大。没有"正确"或"错误"的人机界面，只有"友好"或"不友好"的用户界面。用户界面设计得是否成功会直接影响软件的质量，同时也影响用户对软件质量的评价，进而影响软件的竞争力，因此务必对用户界面的设计工作给予高度重视。

5.4.1　用户的界面需求

用户界面设计需要满足用户的实际需求，搞清楚用户类型，不同的用户具有不同的需求。与功能需求分析完全不同，用户界面的需求具有很大的主观性。通常，建立用户界面的原型是一种有效的方法。使用用户界面原型法可将界面需求的调查时间尽量缩短，并且尽可能满足用户的要求。使用用户界面的原型模板可以更加直观地展示软件的界面风格，继而确定其是否符合用户的操作习惯和是否满足工作的需要。系统分析员利用界面原型可以引导用户提出新界面要求。

5.4.2　用户界面设计问题

实施人机界面的设计时，通常考虑以下四个因素：软件响应时间、帮助设施、出错处理及人机交互。

1．软件响应时间

软件响应时间是指从用户完成一个动作到系统给出预期响应之间的时间间隔。软件响应时间具有两个比较重要的属性：时间长度与易变性。若软件响应的时间太长，用户得不到及时响应，会感到不舒服。不过，软件的响应时间太短也不好，因为那样会使用户加快操作软件的节奏，容易导致用户犯更多的错误。其中，易变性指相对于平均响应时间，软件系统的响应时间与其之间的偏差。

2．帮助设施

在交互式软件中，每个用户都需要提示信息，即帮助设施，只有这样，用户不需要离开用户界面便可以解决平常遇到的大多数问题。帮助设施分为集成帮助设施与附加帮助设施两类。所谓集成帮助设施，即设计在软件里面的帮助设施，一般情况下，它对软件用户的工作内容反应非常灵敏，所以用户可以从中选择相应的主题请求软件的帮助，这大大缩短了用户获取帮助的时间，增强了用户界面的友好性。附加帮助设施是当软件建成后再设法添加到软件中的帮助设施，通常它是一种具有有限功能的联机手册。

3．出错处理

在使用软件时，常常弹出出错信息、警告信息，这是交互式软件给出的"坏消息"。出错处理设计得好不好，将影响用户的体验感。通常而言，交互式软件提供的出错信息与警告信息具有以下特点。

（1）用户可以理解软件描述的问题。

（2）反馈的信息有助于软件从错误状态恢复到正常状态。

（3）反馈的信息可以指出错误可能导致的后果，便于用户重视该问题，并及时提出解决方案。

（4）无论发生什么操作失误，软件的提示信息都不能责怪用户。

4．人机交互

大多数情况下，用户喜欢用菜单选择软件功能，有时也喜欢用键盘命令调用软件功能。在设计命令交互方式时，重点考虑下列问题。

（1）每个菜单项是否都有对应的命令？

（2）命令通常有控制序列、键入命令、功能键三种命令形式，本次设计采用何种命令形式？

（3）是不是提供的命令操作序列需要投入的时间和精力过大？忘记了命令怎么办？

（4）是否可以向用户提供缩写的命令序列或自定义命令操作序列？

5.4.3　用户界面设计原则

用户界面设计遵循四个原则：色调一致、简洁大方、各控件摆放规范有序、符合用户的习惯。以下是人机界面设计的"黄金三原则"。

1．让客户掌控软件，而不是软件掌控用户

一个良好的界面可以向用户提供良好的交互机制，因为不同的用户拥有不同的爱好，应向其提供不一样的选择；不要让用户看技术细节，只要操作方便即可。用户与软件交互可以中断，用户也可以撤销任何操作。

2．尽量降低用户的记忆量

在使用软件时，要给用户足够的提示或操作指南，降低用户的操作难度。

3．始终保持人机界面的一致性

人机界面设计的目标之一是保持外观的一致性。在设计用户界面之前，务必充分了解用户，熟悉业务流程，这也是界面设计成功的法宝。例如，在同类型的应用场景中，运用相同的设计规则；尽可能不改变用户的习惯。除了保持用户界面的风格一致性，还应保持术语的一致性。

5.4.4　设计界面的过程

（1）理解用户的需求和意图。

（2）当用户的需求清晰明确后，拟写界面需求规格说明书。

（3）设计用户界面的原型。

（4）让用户代表审核或评估界面模型。

（5）美工依据用户的修改意见完善界面效果，实现下一个原型。

（6）持续实施该过程，直至用户认为达到要求为止。

注意，在用户界面设计的全过程中，务必邀请用户参与，特别指出，用户参与界面设计时机越早，美工和前端工程师在界面设计修改上花费的时间越少，且越能让用户满意。

习题5

1．请简单介绍软件详细设计阶段的目标和基本任务。

2．软件详细设计常用的设计工具有哪些？

3．在常见的排序算法中选择其中一种，按照从大到小的顺序进行排序，依次用程序流程图、盒图、PDL 进行描述。

4．简单说明问题分析图的优势。

5．对于在详细设计阶段常用的四种设计工具（程序流程图、N-S 图、问题分析图与过程设计语言），你认为哪一种最好，请说明理由。

第6章 软件实现与维护

一般而言，我们把程序编码与测试统称为实现阶段。所谓程序编码是把软件设计的结果翻译成可以用某种语言表达的程序代码的过程。事实上，软件质量不仅取决于软件的设计工作，软件测试也是确保软件质量的关键，是对软件的规格说明、软件设计与编码的最后复审。

6.1 编码

6.1.1 编程语言的选择

编程语言是人与计算机交流的工具，编写程序的过程也称为编码。目前已有的多种语言各具特点和适用范围，所以选择合适的程序语言是软件编程阶段的首要工作，通常需要根据软件应用领域的要求、程序语言的内在特性等进行选择。

1. 选择软件编程语言的一般原则

一般而言，在一个软件系统的开发论证阶段就要开始考虑软件开发工具和开发语言的选择问题。业界在考虑该问题时，主要从以下几个方面考虑。

（1）选择适合软件应用领域的语言。不同的编程语言适用不同的应用环境和场景，如 C 语言适用于系统软件和实时应用领域；Java 比较适合大数据分析、Web 开发等；JavaScript 主要应用于 Web 前端开发；Python 主要应用于数据分析和挖掘、人工智能等领域；C++主要应用于操作系统内核、系统工具开发等领域。因此，在选择编程语言时，需要充分考虑应用领域。

（2）选择软件开发人员熟悉的语言。对于有丰富经验的应用程序员来说，快速学习一门语言并不十分困难，不过真正熟练应用一种编程语言却需要大量的实践。因此，应特别注意，选择语言时，尽量避免盲目选择开发团队不熟悉的语言。

（3）选择利于软件运行环境的语言。比如，用户习惯使用 Windows 服务器和 SQL Server 数据库，选择程序设计语言时，尽量使用与之适应的产品体系；如果用户习惯使用 Linux 系列，也要尽量选择适应该平台的、成熟的开发工具和语言。

（4）在选择语言时，优先选择面向对象的语言。一般而言，优先选择高级程序设计语言，因为面向对象的编程思想更接近人类的思维模式，并且采用面向对象语言的软件在可重用性、可维护性方面表现得更好，更适应现代软件发展趋势。

（5）结合用户的实际选择语言。若开发的软件在后期是由用户维护的，此时应该选择用户熟悉的语言编写应用程序。

6.1.2　编码的规范

按照软件的编程规范进行编码可以编出正确、高效、通用、易读且易于维护的软件。所谓编程风格即程序员在编程中养成的习惯做法和行为方式。良好的编程风格可以减少或避免程序错误，并且也可以提高编程工作效率、维护效率。由于现在的软件开发基本上都是一个团队共同研发一个较大的项目，因此团队成员需要不断地协调与配合，这更需要保证编程风格的一致性。

➡1．如何鉴别高质量的软件

高质量的软件应该具有以下特性。

（1）功能齐全，能够达到用户的使用要求。这一点是所有软件产品都应该达到的最基本的要求。

（2）界面简洁，分区合理，易于操作，操作简单便捷。

（3）可靠性高，可移植性好，可重用性强。

（4）容易维护、扩展与升级。

➡2．编程风格

程序编码需要遵循以下规范与风格。

1）程序文档化

（1）标识符：含义鲜明的名字，缩写规则一致，为名字加注解。

（2）注解：程序应具有解释说明部分，如用来描述应用程序模块的功能、接口属性、主要数据结构与算法等。

（3）应用程序的组织形式：采用阶梯形式，让程序看起来层次结构更加清晰。采用统一、规范的显示格式编写程序，可以有效提高软件的可读性。

2）关于数据的说明

在程序中，为了让数据便于管理与维护，需要对相关数据进行说明。说明常常遵循以下指导原则。

（1）为了便于查找数据的属性，应规范程序的数据说明顺序，从而便于开展软件测试、纠错及维护工作。

（2）当一个语句中声明了若干个变量时，建议按字典顺序排列。

（3）当部分程序段存在复杂的数据结构时，应该对其加以注释。

3）程序语句的构造

编程的基本操作是构造程序语句。在此过程中，不能为了追求效率而使程序变得复杂，应按照以下原则工作。

（1）不要将多条语句放在同一行。

（2）不能大量使用循环嵌套与条件嵌套。

（3）对于逻辑表达式及算术表达式，应尽可能使用括号，使其运算次序变得清晰且直观。

4）输入及输出信息

用户在操作软件时，一般都是通过向软件输入信息并获得输出信息的方式进行人机互动的。因此，在设计用户界面时采用什么样的输入输出方式显得非常重要，需要从以下几个方面考虑。

（1）当用户输入信息时，必须进行输入信息合法性检查，并提供程序的状态提示。

（2）人机界面必须尽量简单，并且风格保持一致。

（3）当进行数据批量输入时，尽可能引入自动的数据结束标志，减少用户工作量，也可防止因用户参与过度导致过多错误。

（4）信息输出要保持清晰简明，在程序相应位置添加必要的注释说明。

（5）软件中的报表和图形尽可能采用格式化的形式。

6.2　测试基础

所谓软件测试是指当软件测试部门发现软件的错误时，将有问题的程序转发给研发部门修改的过程。软件测试的根本目的是尽量发现软件潜藏的错误或漏洞，最终将高质量的软件交付给用户。

6.2.1　软件测试的目标

什么是好的测试用例？可以发现以前从未发现的 bug 的测试用例就是好的测试用例。因此成功的软件测试方案就是发现当前尚未发现错误的软件测试方案。

由于测试目标是为了发现软件的 bug 或错误，从专业角度讲，软件开发人员不应该参与综合测试，所以软件系统的综合测试一般由软件企业中的测试部门实施测试工作。

6.2.2　软件测试的原则

测试工程师为了设计适合的测试方案，需完全理解并且恰当运用软件测试的原则。主要的测试原则如下。

（1）用户最在乎软件是否可以实现其要求，因此全部的测试用例都应该可以追溯到用户需求指标。

（2）尽早启动测试计划。一般而言，在用户需求分析阶段便可以启动测试计划，软件测试工程师需要有代表参与需求分析工作。当确定了详细设计方案后，便可以开展测试方案的详细设计工作。

（3）通过研究得出，软件测试中出现的 80%的错误通常来自 20%的程序模块。因此，对于容易出错的模块和经验不足的软件开发人员开发的模块需要重点关注。

（4）通常软件测试先从某个模块着手，再逐渐向多个模块过渡，最后在整个软件项目中寻找错误。

（5）无法实现穷举测试。由于受工期、人力及其他资源的限制，在软件测试中，我们无法做到穷举测试。

（6）需要专业的软件测试人员实施测试。值得提倡的是，为了取得更好的测试效果，建议由专门的测试部门进行测试工作，而软件开发人员只承担其负责的模块的测试工作。

6.2.3　软件测试的方法

将常用的软件测试方法进行分类，可分为两种：白盒测试与黑盒测试。若已知软件应该具有的功能，可以对每一个功能进行测试，看软件是否可以正常工作，该测试方法称为黑盒测试。若已知软件内部的工作逻辑，此时可设法检验应用程序的逻辑及流程是否符合相应的要求，该方法是白盒测试。总结起来讲，黑盒测试实际上是功能测试，将应用程序看成一个黑盒子，在不考虑应用程序内部结构和流程的情况下，核验软件是否可以实现用户需求，软件是否能接收合适的数据并且输出正确的信息；白盒测试又可以称作结构测试，可以看作将软件装在透明的玻璃瓶中，因此测试人员完全可以看清软件的结构，通过查看软件源码，熟悉软件模块的数据结构与算法，并且验证应用程序的执行通路是否都可以按照预定的要求工作。

6.2.4　软件测试的步骤

近年来，软件系统越来越大，通常由若干个子系统构成，并且每个子系统又由许多更小的模块构成。因此，软件测试将重点对软件模块、子系统、系统进行测试，在软件验收阶段需要进行软件验收测试，在软件试运行阶段要实施平行运行。

➡1．软件模块测试

设计良好的系统模块仅实现一个确定的子功能，并且该子功能与同层次的其他模块功能之间不存在互相依赖。因此，可以将任意一个模块当作一个独立的对象实施测试。

软件模块测试的目标是确保每个模块都可以当作一个独立的单元运行，因此模块测试又称作单元测试。在该步骤中一般是发现软件设计问题或代码错误。

➡2．子系统测试

什么是子系统测试？实际上是把单元测试的模块集成到一起构成一个子系统进行测试。在该测试过程中需要关注的最主要问题是测试各子模块之间的协调与通信，看是否存在问题，所以在该步骤中应着重对模块的接口进行测试。

3. 系统测试

子系统经过测试没有问题后,将它们集成为一个完整的软件进行测试,这就是系统测试。在这个过程中,不仅可以发现软件在设计与编码方面的问题,还要确认软件能否实现需求分析说明书中确定下来的功能、性能约束条件及其他条件。在该步骤中可以发现软件设计的错误,也可以发现需求分析说明书中的错误。

由于子系统测试与系统测试都兼有软件测试与软件组装的工序,所以可称之为集成测试。

4. 软件验收测试

软件验收测试就是将软件系统当作单一的测试对象进行测试,其中软件的测试内容同软件系统测试非常类似,不过验收测试比较特殊的一点是:它需要用户发挥积极性,在用户的主动参与下进行。更特殊的是:验收测试主要使用用户的实际数据进行测试。

软件验收测试的目标是验证软件系统是否确实完成了用户需求,因此在验收测试阶段发现的问题往往是软件系统需求说明书中的漏洞或错误,所以软件验收测试又可称为确认测试。

5. 实施平行运行

平行运行就是在运行新系统时,同时运行旧系统。其主要目的是:给用户熟悉新系统的时间,在使用新系统时,一旦出现故障,可以及时更换到旧系统上,降低业务风险。

6.2.5 软件测试的信息流

软件测试信息流如图 6.1 所示。

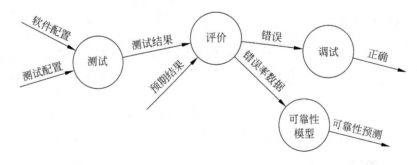

图 6.1　软件测试信息流

图 6.1 显示的是软件测试过程中产生的信息流,其中的输入信息如下。

(1) 软件配置,包括用户需求分析说明书、软件设计说明书与应用程序清单。

（2）测试配置，包括软件的测试计划及软件的测试方案。

对于软件的测试结果，我们一般会得出以下结论。

（1）若软件频繁出现设计方面的错误，那么该软件的质量及可靠性是非常值得怀疑的，必须进一步测试。

（2）若软件的功能实现得还可以，碰到的问题也很好修改，说明当前软件的可靠性还可以接受，不过实施的测试工作还有不足，以至于未能发现较严重的错误。

（3）若经过测试没有发现任何错误，那么可能是测试人员对软件配置的思考不够充分，导致软件中的潜藏错误无法暴露。

6.3　单元测试

单元测试是软件开发人员对软件模块进行的测试。编码和单元测试是软件开发过程中的同一个阶段。当软件开发人员写的代码经过编译器软件的语法检查后，软件开发人员可以依据详细设计说明书中的描述，对软件比较重要的执行通路实施测试，以便发现软件模块内的错误。一般常常使用计算机测试与人工测试两种测试方法实现软件的单元测试。实际上，单元测试常常使用白盒测试技术，可以并行地对多个模块进行测试。

6.3.1　单元测试的内容

当软件开发人员进行单元测试时，一般重点从以下五个方面实施测试。

1．软件模块接口

重点对软件模块接口的数据实施测试，若数据无法正确输出，其他的测试也就没有任何意义。对模块接口进行测试时，一般从以下几个方面实施测试。

（1）接口参数次序、参数个数是否一致。

（2）查看输入变量和输出变量是否都已经修改。

（3）在各个软件模块中，涉及的全局变量其定义及用法是否一致。

2．局部数据结构测试

对于软件模块来讲，一个常见的错误来源是局部数据结构。因此，需要仔细设计软件的测试方案，以便发现局部的变量初始化、局部数据说明及默认值等方面的错误。

3．关注重点的执行通路

因为软件测试人员不可能实现穷举测试，所以一个关键的技巧是选择有代表性或可能发现较严重错误的执行通路实施测试。因此，最好设计一个完整的测试方案来发现执行通路的错误。

4. 出错处理通路

值得一提的是，较好的软件设计可以预见产生错误的条件，并提前对错误的通路实施处理。在软件测试时，不仅覆盖出错处理通路，还需要仔细测试其他通路。对于出错处理通路主要从下述几个方面进行考虑。

（1）发现难以理解的描述。

（2）当前记录的错误与实际工作中遇到的错误不一致。

（3）对软件错误的处理是否正确。

（4）当前描述出错信息是否可以确定产生错误的位置。

5. 关注边界条件

在进行单元测试时，最后的也是最重要的任务是边界测试。一般而言，在它的边界处，软件容易失效，比如使用恰好小于、等于或大于最大值或最小值的控制变量和数据结构，以及数据值的测试方案，往往很容易发现软件中存在的错误。

6.3.2 代码审查

软件测试的一个重要环节是代码审查，其是由审查小组发起的，主要是对源程序进行人工测试的活动。据统计，代码审查是一种特别有效的软件质量验证技术，对于一般的应用程序可查出 30%~70%的编码错误与程序逻辑错误。

通常，审查小组由以下人员组成。

（1）审查小组组长一般会选择一个技术能力强且经验丰富的工程师，并且其未直接参与该软件的研发。

（2）软件设计师。

（3）软件开发人员。

（4）软件测试人员。

在软件审查会上，先由软件开发人员解释实现该模块的思路，一般是逐个语句或语句块讲述代码的逻辑，其他人认真听取软件开发人员的讲解，并发现其中的错误。

在审查小组会上需要对照模块设计错误清单审查该模块的代码。一旦发现错误，小组长需要马上记录下来，然后继续进行下一个问题的审查。注意，审查小组的任务是发现错误而不是改正错误。从实践可以看出，用代码审查的方式找程序问题比计算机测试的效果好，主要体现在以下几个方面：通过一次审查小组会能够发现较多问题，而使用计算机测试方法找到问题之后，常常需先修改这个问题然后才可以继续实施测试，也就是说，组建审查小组审查代码的方法能够减少系统验证的工作量。不过，两者并没有绝对的好坏，是相辅相成、缺一不可的，只是适用的场景不同。

6.4　软件集成测试

当模块测试完成后，下一步就需要把各个模块逐渐递增地集成起来进行测试，称为组装测试，即把所有模块依据软件设计要求进行组装，使之成为一个功能完整的软件。

➡1.　集成测试的方式

通常，将若干模块组装成一个完整的系统可以分为两种方式，分别是：进行一次性集成和测试，以及增殖式集成及测试。

1）进行一次性集成和测试

所谓一次性集成即集中式或整体式拼装，软件测试人员对各模块分别进行测试后，将全部模块集成到一起实施测试，以获得满足用户全部需求的软件。

2）增殖式集成及测试

增殖式集成也称渐增式集成。增殖式集成测试有以下三种方式。

（1）自顶向下增殖测试。

（2）自底向上增殖测试。

（3）混合增殖式测试。

增殖式集成各有其优缺点。

（1）采用自顶向下增殖测试的优点是能提前发现控制方面的缺陷或问题。不过，其缺点也非常明显，即需要提前实现桩模块（具备测试能力的构件）替代，让其替代实际的子模块功能还是比较困难的，并且可能涉及较复杂的算法及易出问题的底层模块，需多次进行回归测试。

（2）自底向上增殖测试的优点是无须桩模块，而该方法用的是驱动模块，由于使用驱动模块更容易一些，当涉及较复杂的算法及输入/输出模块时，需要先进行组装与测试，这样才能更有利于尽快解决最容易出问题的部分。这种方法可以将多个模块进行并行测试，因此软件测试的效率非常高。不过该方法有一个非常大的缺点，即所有的模块全部加载后才能构成一个完整的实体。

（3）混合增殖式测试常将两种方式结合组装和测试，包括：①衍变的自顶向下增殖测试；②回归测试；③自底向上—自顶向下增殖测试。

➡2.　集成测试的内容、任务与技术准则

1）内容与任务

总结起来讲，集成测试的内容主要有：功能测试（软件集成后）、业务流程测试、关键执行路径测试、界面测试、边界测试、容错测试、约束测试及接口测试等。

集成测试的具体任务如下。

（1）连接各个模块时，查看通过接口的数据是否丢失。

（2）测试一个模块对另一模块的影响。

（3）测试各个模块或子系统的组合是否达到预期要求。

（4）查找全局数据结构存在的问题。

（5）评估一个有问题的模块对数据库的影响。

在集成测试阶段由软件测试人员负责实施具体的测试，详细记录测试结果，并对结果进行适当分析，最终完成测试文档的书写。

该阶段的测试依据分别是软件集成测试计划、软件测试方案或大纲、软件概要设计方案。

在集成测试阶段结束后会形成软件 bug 记录及软件集成测试分析报告。

2）集成测试的技术准则

（1）务必核实模块之间是否存在错误连接。

（2）使用数据方面的测试用例测试软件输入、输出及处理情况，查看是否达到软件设计的要求。

（3）使用业务方面的测试用例对软件的业务流程进行测试，核实是否达到设计要求。

（4）依据软件设计要求验证软件的容错能力。

3. 系统集成任务

系统集成是把各个软件的构件与子系统组装起来，整合成一个较完整的软件，并与其有数据通信的系统进行整合、调配的过程。因此，系统集成的任务是依据软件设计，把各个软件的构件与子系统整合成一个较完整的系统。

6.5 验收测试

站在用户角度讲，验收测试又称为确认测试，其目的是核实软件是否实现用户需求，让用户满意。若某软件的功能与性能都能符合用户的需求，该软件就是有效的，是合格的。软件需求规格说明书是开展确认测试工作的基础。

6.5.1 确认测试的要求

（1）用户需积极参与，或者以用户为主导。用户需要测试方案的设计工作，通过用户界面向软件输入数据，预测输出的结果。

（2）一般采用黑盒测试法。需要认真设计软件测试计划与测试流程。软件测试计划即开展软件测试工作的内容与进度安排。

（3）经过软件测试与适当调试，确保软件可以实现全部功能，可以实现每个性能指标的要求，软件的配套文档准确且完整，除此之外，还要满足安全性、兼容性、可移植性、可维护性的要求。

软件确认测试的结果有以下两种可能性。

（1）完全实现了用户对功能与性能的要求，该软件可以接受。

（2）软件的功能和性能的实现程度与用户的要求具有一定的差距。

 6.5.2　软件配置的复查

在确认测试过程中，对软件配置进行复查是一项重要工作，目的是确保软件的配置齐全，文档资料与应用程序完全对应，质量符合要求，能够支撑软件维护的全过程，并且已经编好相应的资料目录。

人工审查合同内容，此外在确认测试中参加验收的双方要严格遵守用户指南与其应用流程，以便检验软件需求规格说明书的正确性、完整性，认真记录错误与遗漏，对有问题之处进行补充与修正。

 6.5.3　Alpha测试与Beta测试

若某个软件是面向大众开发的，比如一款操作系统、一个数据库管理系统或一个通用财务软件，那么绝大多数软件企业都会使用 Alpha 测试与 Beta 测试的方法进行测试。其中，Alpha 测试一般是将用户邀请到软件公司，用户在开发者的"指导"下操作软件，并进行交流，开发人员及时记录操作过程中碰到的问题或错误，所以 Alpha 测试发生在特定受控的环境中。

与 Alpha 测试不同，软件开发人员一般不会到 Beta 测试现场，即 Beta 测试是由软件的用户在一个或若干个客户场所实施的。因此，Beta 测试是在不受软件开发人员控制的场景下进行的，是软件的实际应用。

6.6　软件的测试方法

 6.6.1　黑盒测试

黑盒测试也称为功能测试，即软件测试人员不必考虑应用程序的内部逻辑结构，只需要清楚被测软件的界面与接口的外部情况，依据用户的需求，验证软件功能是否符合要求。在全部可能的输入及输出条件中，测试可能用到的数据是否得到预期的输出。

在黑盒测试中，软件测试人员主要测试：功能是否被遗漏、界面有没有错误、有没有数据结构访问错误、是否发现软件性能错误。

软件接口是比较特殊的情况，尤其是测试模块的接口，比较适合使用黑盒测试，部分采用白盒测试，以便对重要的控制路径进行测试。我们经常使用的黑盒测试方法如下。

➡1．面向等价分类的方法

所谓等价分类是将应用程序的输入范围（域值）划分成多个数据类，依据分类导出软件测试用例。若将全部可能的输入数据划分为多个等价类，在每个等价类中可取一组数据当作测试数据，尽量查找软件中的错误。使用等价分类的前提是对软件的功能研究透彻，分清哪些是测试用例的有效等价类，哪些是测试用例的无效等价类。

例如，在软件需求规格说明书中，对输入条件有"……项数可以从 1 到 99……"的规定，则有效等价类是"1≤项数≤99"，两个无效等价类是"项数<1"或"项数>99"，等价类划分举例如图 6.2 所示。

图 6.2　等价类划分举例

等价类的划分需要掌握下面的启发式规则。

（1）若已确定输入值范围，就可以得到一个符合条件的有效等价类与两个无效等价类。

（2）若已确定输入数据的个数，也可以将其划分为三个区域，分别是一个有效等价类和两个无效等价类。

（3）若确定一组输入值，当软件对不同值进行不同的处理时，那么每个输入值就是一个有效等价类，而任意一个不被允许的数值是无效等价类。

（4）当输入数据的规则已经划分好，那么就可以划分出符合规则的有效等价类与多个违反规则的无效等价类。

（5）当整型数据作为输入数据时，可以将其分成三个有效类，分别是正整数、零和负整数。

如何设计面向等价分类的测试方案呢？

（1）设计的测试方案需要尽可能多地覆盖有效等价类。

（2）设计一个无效等价类的测试方案，并且不断重复该步骤，直到全部无效等价类被覆盖。

➡2．面向边界值分析的方法

（1）测试数据。如果输入条件规定了值的个数，则采用最大的个数、比最大的个数多 1 的数、最小的个数、比最小的个数少 1 的数作为测试数据。

（2）输出的条件。依据软件需求规格说明书中的每个输出条件，重新采用上面的规则。

（3）边界数据。先核实好输入数据的取值范围，再选择边界值与刚刚越过该边界的值作为输入数据。

（4）有序集。如果输入/输出域是有序的集合，那么建议选取集合中的第一个元素与最后一个元素当作测试用例。

（5）内部数据结构边界值。若程序中使用了一个内部数据结构，则应当选择这个数据结构的边界上的值作为测试用例。

（6）其他边界值条件。对软件需求规格说明书进行分析，确定其他的边界条件。

6.6.2　白盒测试

软件开发人员对自己负责的模块进行测试时，通常对该模块的执行路径、内部结构进行测试。白盒测试也称为结构化测试或基于代码的测试。软件测试人员则把软件看成开放的盒子，厘清软件的逻辑结构与执行路径后，设计测试用例，并对软件全部的逻辑路径实施测试，以便核查软件的运行情况与预测情况的一致性。

1．原则

白盒测试的原则：①对于模块中的任意一个独立路径至少需执行一次；②对于模块中判断的每一个分支至少执行一次；③对于程序中的任意一个循环，在其边界条件与一般条件的情况下至少执行一次。

2．步骤

依据软件详细设计规格说明书及源程序代码，导出应用程序流图，通过计算环路的复杂度确定基本路径集，并设计测试用例。

3．优点

（1）白盒测试可以迫使软件测试人员认真思考软件的实现思路。
（2）白盒测试要求检测程序代码中的每个分支与路径。
（3）白盒测试可以揭示隐藏在代码中的错误。
（4）白盒测试对程序代码的测试工作执行得较彻底。

4．缺点

白盒测试没办法验证程序代码中被遗漏的路径及数据敏感性的错误，并且也很难验证某项规格要求的正确性。

5．白盒测试方法的常用技术

1）语句覆盖

当选择足够多的测试数据时，可以确保应用程序中每条语句都被执行一次，这种方法称作语句覆盖。图 6.3 所示为被测试程序的流程图。为了使每条语句都能够被执行一次，应用程序的执行路径是 sacbed，因此只要输入适当的测试数据即可。$A=2$ 且 $B=0$，$X=6$，在此例中 X 可以取任意实数。

通过上面的例子可知，语句覆盖无法对被测程序实施全面的逻辑覆盖。在上面的例子中，我们采用了对 A、B 赋值的方法，实际上只测试了条件为真的情况，若条件为假，应用程序有错误，此时却不能发现。因此，语句覆盖的测试方法仅关心判定条件的值，而没有分别测试判定式中的每个条件取不同值时的情况。若只是为了执行 sacbed 路径来实现对所有语句进行测试的目的，仅需要两个判定式同时取真值即可（如 $A>1$ 且 $B=0$、$A=2$ 或 $X>1$），所以采用上述的其中一组数据就足够了。然而，若将第一个判定式中的 AND 错写成 OR，或者将第二个判定式中的 $X>1$ 错写成 $X<1$，采用上面的测试数据是无法查出程序错误的。因此，语句覆盖方法是较弱的逻辑覆盖标准。

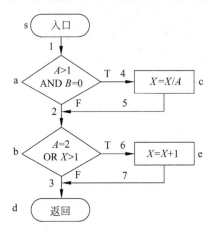

图 6.3　被测试程序的流程图

2）判定覆盖

所谓判定覆盖即分支覆盖，其含义是：每个程序语句须至少执行一次，并且针对判定条件的每一种可能结果都要至少执行一次，也就是说，程序中的每个判定及每个分支至少执行一次。

还是以上面的例子来讲，可以分别采用遍历路径 sabd 与 sacbed 的两组测试用例，也可以分别采用覆盖路径 sabed 和 sacbd 的两组测试用例，它们都可以满足判定覆盖的要求。比如，下面两组测试数据便可以实现判定覆盖。

（1）（覆盖 sacbd）：$A=3$，$B=0$，$X=3$。

（2）（覆盖 sabed）：$A=2$，$B=1$，$X=1$。

通过上面的例子可以看出，判定覆盖要比语句覆盖更全面些，不过在应用程序逻辑覆盖方面，判定覆盖的覆盖程度仍不高，比如本例中的测试用例仅覆盖程序一半的路径。

3）条件覆盖

所谓条件覆盖，即设计多个测试数据，任意一个判断中每个条件的可能取值能够至少满足一次即可。在图 6.3 所示的例子中存在两个判定式，任意一个表达式都有两个条件，为了实现条件覆盖，应选取合适的测试用例，让程序在 a 处出现 $A>1$ 或 $A\leqslant1$，$B=0$ 或 $B\neq0$；而在 b 处时能够出现 $A=2$ 或 $A\neq2$，$X>1$ 或 $X\leqslant1$。

通过上面的分析，仅需采用下面的测试用例便可以达到所要求的覆盖标准。

（1）设 $A=2$，$B=0$，$X=4$。（其满足 $A>1$，$B=0$ 或 $A=2$ 和 $X>1$，最终执行的路径是 sacbed。）

（2）设 A=1，B=1，X=1。（其满足 $A \leqslant 1$，$B \neq 0$ 或 $A \neq 2$ 和 $X \leqslant 1$，此时执行的路径是 sabd。）

条件覆盖通常比判定覆盖强，但满足条件覆盖的测试数据不一定满足判定覆盖。例如，上面两组测试数据也同时满足判定覆盖标准。不过，若采用下面两组数据，则只能满足条件覆盖标准却无法满足判定覆盖的要求，因为第二个表达式的值永真。

（1）设 A=2，B=0 且 X=1。（其满足 $A > 1$，B=0 或 A=2 与 $X \leqslant 1$，此时执行路径是 sacbed。）

（2）设 A=1，B=1 且 X=2。（其满足 $A \leqslant 1$，$B \neq 0$ 或 $A \neq 2$ 与 $X > 1$，此时执行路径是 sabed。）

4）判定/条件覆盖

将判定覆盖与条件覆盖结合在一起便形成了一种方法叫判定/条件覆盖，即设计足够多的测试数据，让每个判定条件的全部可能取值都至少满足一次，并且任意判定条件的可能结果同样至少出现一次。

如图 6.3 所示，下面的两组测试用例可以满足判定/条件覆盖的标准。

（1）设 A=2，B=0 且 X=4。

（2）设 A=1，B=1 且 X=1。

不过，这两组测试数据只是为了满足条件覆盖标准中最初选取的两组数据，因此有时候采用判定/条件覆盖方法并不一定比条件覆盖方法效果好。

5）条件组合覆盖

条件组合覆盖的目的是使设计的测试用例能覆盖任意一个判定的全部可能条件的取值组合，它是更强的一种逻辑覆盖标准，需要获取足够的测试用例，让每个判定式中所有条件的取值进行自由组合，并确保都至少被执行一次。如图 6.3 所示，一共有 8 种条件组合，分别是：

（1）B=0，$A > 1$；

（2）$B \neq 0$，$A > 1$；

（3）B=0，$A \leqslant 1$；

（4）$B \neq 0$，$A \leqslant 1$；

（5）$X > 1$，A=2；

（6）A=2，$X \leqslant 1$；

（7）$A \neq 2$，$X > 1$；

（8）$A \neq 2$，$X \leqslant 1$。

以下的 4 组测试用例，可以让上面的 8 种条件组合中的任意一种至少出现一次。

（1）B=0，X=4，A=2。（针对上面的（1）和（5），测试路径是 sacbed。）

（2）A=2，B=1，X=1。（针对上面的（2）和（6），测试路径是 sabed。）

（3）A=1，B=0，X=2。（针对上面的（3）和（7），测试路径是 sabed。）

（4）B=1，A=1，得出 X=1。（针对上面的（4）与（8），测试路径是 sabd。）

很显然，只要满足条件组合覆盖的数据，必定也满足判定覆盖、判定/条件覆盖及条件覆盖的标准。不过，实现条件组合覆盖的数据不一定能够使每条路径都可以执行一遍，比如路径 sacbd 就未被测试到。

6.7 软件维护

6.7.1 软件维护概述

软件系统开发完成交付用户使用后就进入系统的维护阶段。系统维护阶段实际上是耗时最长的阶段，因此该阶段花费的精力和费用也是最多的一个阶段。

1. 概念

软件维护是软件交付给用户后，其在使用过程中肯定会发现软件的缺陷，或者由于用户业务拓展的需要及环境的变化，致使用户要求软件研发企业重新对软件实施修改的过程。软件维护的基本任务是在相当长的时间内，确保该软件能够正常运行。一般而言，软件维护所需的工作量非常大，通常普通软件的维护成本远高于开发成本。

为什么需要对软件进行维护呢？大致有以下几个原因。

（1）当软件运行的环境或配置发生变化时，将会暴露出一系列问题或错误，需要及时修改使之能够适应运行环境的变化。

（2）当软件运行时，用户的业务范围或输入的数据可能会发生变化，同样需要修改软件来适应其变化。

2. 软件维护的类型

由上述原因产生的软件维护，主要包括四种类型。

（1）改正性维护。几乎在所有软件运行期间，用户都可能发现软件的错误，因为软件测试过程中无法找出软件中所有的问题，此时用户将遇到的问题提交给软件维护人员，软件维护人员对软件进行诊断并修改程序使之正确运行的过程就叫作改正性维护。这也是软件维护的一项基本工作。

（2）适应性维护。随着技术的不断进步，计算机硬件、操作系统及软件运行环境等因素经常发生变化，为了适应不断变化的环境而进行修改软件的活动即适应性维护。

（3）完善性维护。软件在运行阶段，用户仍然会提出新的需求，比如增加新的功能或提高性能。这种问题会经常遇到，软件开发人员需要扩充软件的功能，提高软件的性能，改善软件的效率。该类维护活动通常占软件维护工作的大部分。

（4）预防性维护。为了改进软件的可维护性或可靠性，或为了未来软件升级改造而开展的维护活动是预防性维护，不过该项维护活动在所有的软件维护活动中占比偏低。

3. 软件维护的相关问题

实际上，软件质量产生的问题大部分是来自软件定义或开发方法的问题。若软件在研发过程中未开展科学规划和良好设计，后面将会出现大量问题。

（1）时间长、工作量大。软件维护是软件生存周期中时间最长的阶段。

（2）维护产生的相关问题多。经过维护的软件可以让客户更满意，不过每次对软件进行修改都可能带来新的潜在错误或产生连带问题。

（3）软件维护工作困难。事实上，软件维护人员通常不会参与软件开发的过程，而软件维护人员在维护过程中需要对软件分析、设计与开发过程中产生的文档与代码进行分析，因此经常会出现程序理解难、文档不齐、差错修改难等问题，致使软件维护工作屡屡受阻。

（4）不要指望软件开发人员可以给予维护工作上的指导。因为软件维护工作是一项持续时间很长的工作，所以当需要软件开发人员解释程序时，也许这个人已离职或离开了研发岗位。

6.7.2 软件维护过程

实际上，软件维护是对软件定义与软件开发过程的一次压缩。因此，需先组建一个维护机构，根据工作需要，设置若干维护小组，并且按照规定好的工作流程办事。

1. 维护组织

软件企业一般都会配备一个维护组织。每个维护任务都要通过客服部门转交给相应的维护小组。

2. 维护工单

在软件维护人员到达现场实施维护工作之前，要交给用户一份维护工单，在工单上，用户需要完整描述问题，必要时配上图片说明或附件说明，软件公司的维护部门分配合适的软件维护人员后，软件维护人员根据实际情况，一般通过线上或线下方式解决问题。问题解决后，用户需要签字确认。

有时软件运行的环境发生变化需要向软件公司提出适应性的维护需求或完善性的需求。此时，软件公司通常要求用户提供一份需求说明并联系用户确认需求，软件公司会根据实际情况予以解决，如果不能解决，也会给出无法解决的理由，以获得用户的理解和支持。

3. 保存维护记录

软件维护人员完成维护后，需要将一些维护信息汇总并保存起来。较正规的软件企业有专门的系统记录维护事项，并将维护记录以附件的形式保存起来。一般需要将以下信息登记到软件维护系统中。

（1）程序标识。

（2）源语句数。

（3）程序设计语言。

（4）程序安装日期。

（5）应用程序变动层次与标识。

（6）因维护工作增加或删除的语句数量。

（7）应用程序改动日期。

（8）软件维护人员的名字。

（9）维护的类型，维护工作的开始日期及完成日期。

（10）每项工作花费的人时数、累计人时数。

6.8 软件维护中存在的问题

软件维护是一件非常困难的事情，本节将讨论软件维护中存在的一系列问题。

6.8.1 软件维护存在的困难

在软件生命周期中，维护工作是一件占用时间很长且困难的工作，这是用户需求分析与开发方法的问题导致的，其表现如下。

（1）由于软件文档资料不足，所以真正读懂别人写的程序非常困难。

（2）文档的不一致性是软件维护困难的又一个因素，只能加强软件研发过程中的文档版本控制。

（3）软件维护工作繁杂，不容易出成果，高水平的程序员不愿做该项工作。

6.8.2 软件维护的弊端

软件维护的弊端即因为修改软件引入新的错误，或者出现一些人们不希望发生的情况。一般维护产生的副作用主要有如下三种。

➡ 1. 修改代码的弊端

由于代码的内在结构原因，任意一处修改都有可能引起错误，所以在修改代码时要特别小心。

➡ 2. 修改数据的弊端

当修改数据结构时，很可能导致软件设计及数据结构不再匹配，从而导致软件出错。

➡ 3. 修改文档的弊端

对软件的软件结构、数据流、逻辑结构进行修改时，相应地，必须对相关的技术文档进行修改，不然部分文档与程序功能不匹配，这会使得文档资料无法正确反映软件的当前状态。

习题6

1. 软件编程语言选择的一般原则是什么？
2. 软件测试的基本步骤是什么？
3. 如何区分单元测试、集成测试与确认测试？
4. 简述黑盒测试用例与白盒测试用例设计的基本方法。
5. 如何理解"测试是为了证明程序有错误，而不是证明程序无错误"？

第7章 软件项目管理

软件企业在开发中大型软件项目时经常会面临部分工作无法开展,甚至项目失败的情况。在日积月累中,人们逐渐认识到软件项目同样需要科学管理。因此,软件项目管理应运而生。

7.1 软件项目管理概述

7.1.1 软件项目管理概念

20 世纪 70 年代就有人提出了软件项目管理的概念。当时美国的一项研究表明:仅有很少一部分项目可以在预算内按时交付,而 70% 的项目失败不是因为技术问题,往往是管理不当造成的。经过分析,软件项目失败的原因主要有以下几点。

(1) 用户的需求定义不够明确。

(2) 缺少良好的开发过程。

(3) 软件研发团队缺乏领导。

(4) 对于合同管理不善。

(5) 不太注意项目过程管理。

项目是在特定条件下具有特定目标的一次性任务,是在一定时间内满足一系列特定目标的多项相关工作的总称。项目的定义包含以下三层含义。

(1) 项目是一项有待完成的任务,且有特定的环境和要求。

(2) 在一定的组织机构内,要利用有限资源(人力、物力、财力等)在规定的时间内完成任务。

(3) 该任务要满足质量、技术指标、数量、性能等要求。

软件项目管理即对软件开发的全过程进行管理,具体来讲,就是要使软件项目开发获得成功,关键是项目经理对软件项目的问题域、里程碑、资源、风险、时间成本、进度管理等应做到心中有数,目标是让项目尤其是大型软件项目的生命周期能在管理者的控制下交付给用户使用。

7.1.2 软件项目管理职能

(1) 计划制订。确定待完成的计划、资源、人力与进度。

（2）组织设立。需要建立分工明确的组织机构。

（3）人员配备。配备合适的管理人员与技术人员。

（4）指导动员。指导技术人员与管理人员完成分配的所有工作。

（5）检查监督。对照规划与标准，检查并监督计划实施的情况。

7.2　项目组织管理

 ### 7.2.1　软件开发项目启动及任务

软件开发项目启动阶段准备是否充足是项目能否有序开展的前提。5W 与 2H 原则被广泛应用于各个领域，该原则也同样适用于软件工程领域，主要通过下面的思路分析问题。

（1）为什么（Why）开发该项目？值得开发吗？

（2）什么时间（When）做什么（What）工作？设置清晰的进度，标识关键的任务、里程碑。

（3）确定软件开发人员的角色及责任，确定某个功能由谁（Who）负责？

（4）搞清楚用户的需求，比如哪里需要（Where）？

（5）定义软件管理、技术策略，以及接下来的工作如何（How）进行？

（6）资源需要多少（How Much）？

在软件开发项目启动前应该做好筹备工作，此时实施方案变得非常重要，具体包括以下几个方面。

（1）构建一个人员构成合理的研发团队。因此，需要对软件开发人员及项目干系人进行分析。项目干系人包括用户代表、项目经理、软件开发人员及相关管理人员。

（2）明确软件开发项目的目标。在软件开发项目启动前取得一致、明确且合理的目标是软件开发项目顺利实现的保证，因此需要明确软件的功能、性能及可靠性的指标，此外还要包括客户的满意度、上线的时间、软件成本、软件质量等要求。

（3）明确的软件开发项目范围。为了保证软件开发项目顺利实施，需搞清各自的任务、职责与范围。

（4）明确软件开发项目的资源需求。在软件开发项目实施前，需依据软件目标与范围确定软件开发项目需求，包含软件与硬件资源、人力、财力、物力及数据资源等，从而确保项目稳步实施。

（5）实施软件开发项目的计划。启动软件开发项目计划，让项目依据计划执行、管理。

在软件项目启动的过程中，其主要的任务是：经过可行性研究，明确软件开发项目的目标、性能约束，实施决策与立项，并且做好软件开发的筹备工作。创建软件开发项目组，下达正式的软件项目开发任务书，组织实施软件开发计划与实施方案。

7.2.2 软件开发组织管理

1. 软件项目组织

有效的软件项目组织需要完成人员、产品、过程和项目四个方面内容。

（1）人员。软件开发是智力密集型劳动，将人员有效地组织起来，对完成软件开发工作具有十分重要的意义。通常可以将人员分为以下四类。

① 项目管理者。项目管理者负责项目的日常管理，其一般被称为项目经理。项目经理是团队协调人，负责对项目进行全面管理，制订项目计划，构建项目开发团队，草拟并确定工作计划，监控开发团队的进度，并且负责做好决策。

② 技术管理人员。技术管理人员负责软件项目的评审，对软件开发过程中可能遇到的技术问题进行定义，并且组织相关技术人员提出解决方案。

③ 软件开发人员。软件开发人员负责软件开发，主要进行用户需求分析、软件设计、软件编码、软件测试及后续的技术支持等技术工作。

④ 最终用户。当软件产品交付后，使用该产品的客户称为最终用户。

（2）产品。在制订软件开发计划前，首先应该确定软件产品的目标与范围，考虑相关设计方案，核定技术与管理上的各种限制。若没有这些信息，就无法估算成本，更不能有效评估风险，组织实施任务划分。产品经理和用户必须一起制定产品定义的目标和范围。

（3）过程。当进行软件开发时，选择一个适合的软件模型是非常必要的。软件研发团队可以根据软件过程模型草拟软件开发计划。

（4）项目。使用项目管理方法管理软件项目的开发与实施过程。项目经理与软件开发人员需要避开以下问题。

① 在开发团队里存在部分人不了解用户需求。
② 产品的范围定义不够清晰。
③ 管理变更的手段不足。
④ 所选择的技术已发生变化。
⑤ 软件的业务需求没能定义好或发生了变化。
⑥ 最后的时间期限不切实际。
⑦ 开发团队缺乏高技能人才或缺乏合适的管理者。

2. 软件组织原则

一个素质全面的项目管理团队及开发团队是软件开发顺利实施的首要条件。一般而言，组建软件项目的开发团队应该遵循的原则如下。

（1）落实责任要尽快尽早。在进行软件项目的策划时，应该指定专人负责专项任务。相关负责人拥有人才聘用、人事安排与奖惩等权限，能够在职责范围内实施严格管理，并且对任务的完成程度负责。

（2）分工明确且快捷高效。在软件开发过程中，需要优化组织结构，合理分工，由于研发人员之间需要经常交流，所以应减少不必要的通信接口。

（3）职责明确且均衡。软件项目各成员间的职责权限应该具体且明确。

7.3　人员组织

项目成功的关键因素是拥有高素质的软件开发人员。不过，大多数软件项目的规模都很大，一名软件开发人员无法在一定期限内完成开发工作，所以需要将多名软件开发人员组织起来，让他们合理分工并协作完成开发工作。

当前的项目成员的组织方式有很多种，一般而言，组建软件开发团队的方法取决于其承担软件的特点。下面介绍两种常见的组织方式。

7.3.1　民主制程序员组

小组成员之间完全平等，一般通过内部协商做出决策，这种程序员组即民主制程序员组。此类程序员组中，小组成员之间的交流是平行的，不过程序员组的人数不可以太多，否则小组成员间彼此的交流时间将大于程序设计的时间。通常情况下，程序员组的规模以 2～8 名成员为宜。因为小组规模小，不但可以降低交流成本，而且还有其他好处。

此类程序员组一般采用非正式组织形式，即尽管有一个组长，但是他与组内其他成员几乎一样，需要完成类似的任务。该组织方式的主要优点是：小组成员对发现的程序错误问题持较积极的态度，有助于较快速地发现错误，从而获得较高质量的代码；小组成员享有充分的民主，因此程序员组具有比较高的凝聚力，非常有利于攻克项目中的技术难关。因此，当开发的软件项目技术难度偏高时，采用民主制程序员组是适宜的。

7.3.2　现代程序员组

由于当前的软件规模普遍较大，通用的做法是将程序员分成多个小组。现代软件项目技术管理组织架构如图 7.1 所示。

图 7.1 描述的是技术人员组织架构，而非技术人员的组织架构与此类似。由此可以看出，在项目经理的领导和指挥下，整个软件开发工作作为一个整体推进，每个程序员向其小组的组长汇报工作，组长向项目经理报告工作。当产品的规模很大时，应适当增加中间的管理层次。

然而，上面的组织架构缺点也很明显：组长之间没有交流，而项目经理需要协调的事项过多、过细，增加了项目组之间的交流成本，不利于项目的开发。因此，把民主制程序员组和上面的组织方式的优点结合起来，形成新的技术管理架构，即改进型现代软件项目技术管理组织架构，如图 7.2 所示。

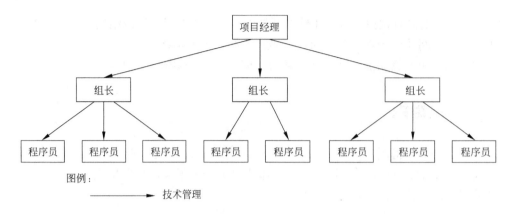

图 7.1   现代软件项目技术管理组织架构

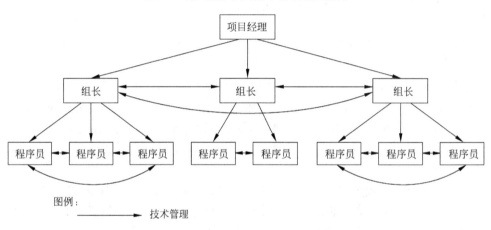

图 7.2   改进型现代软件项目技术管理组织架构

该组织方式便于构建畅通的交流渠道，便于充分发挥程序员的主动性、积极性，充分发挥集体智慧，集思广益攻克难关。尽管该组织方式发扬了一些民主，不过上下级的管理关系是存在的，即该方式是集中领导下的民主。因此，在现代软件企业中，经常采用该类组织形式。

7.4   质量管理

项目质量是软件企业发展的根本，只有软件质量与服务质量得到保障，才能具有更强大的竞争力。软件产品的开发周期长，投入的人力、物力和财力大，因此必须特别重视软件质量。那么，软件质量是什么呢？如何在整个开发过程中确保软件质量呢？

7.4.1   软件质量

概括地讲，软件质量就是"软件与用户需求相一致的程度"。具体来讲，软件质量是软件与功能需求、性能需求及开发标准等相一致的程度。该定义强调三个要点。

（1）软件的用户需求是衡量软件质量的基础，与用户需求不一致就表明软件的质量不高。

（2）软件开发必须按照标准进行，如果开发没有遵守需要遵守的准则，必然会导致软件质量降低。

（3）一般而言，软件都具有隐含需求，比如软件具有易维护性的特点。若软件能够满足用户的需求，但不能满足隐含条件的需求，那么软件质量仍然是不高的。

7.4.2　质量管理的原则

搞好软件项目质量管理工作，应该坚持以下三个重要原则。

（1）牢固树立质量意识并坚决落实。

（2）坚持用户至上的宗旨，为用户严把质量关。

（3）建立规范的质量保证体系，逐步使软件开发进入良性循环状态。

7.4.3　软件质量的管理方法

软件的质量管理可以分为三类：①技术评审；②过程检查；③软件测试。软件项目实施中的质量管理主要围绕以下三个方面开展。

（1）技术评审。在软件项目实施过程中，为了节省开发时间应该优先对开发计划、软件架构设计、数据库逻辑设计、系统总体设计等比较重要的环节进行技术评审，并且在时间及资源允许的情况下，适当增加评审的内容与具体的事项。技术评审内容如表 7.1 所示。

表 7.1　技术评审内容

评审的内容	重　点	方　式
开发计划	主要关注开发进度的安排是否合理	开发团队核心成员讨论、确认
软件架构设计	软件架构决定了软件开发技术选型、软件部署方式及可支撑的并发用户数量等因素	邀请用户代表、该领域专家进行正式评审
数据库逻辑设计	重点关注数据库的逻辑结构设计	组织实施非正式评审，在数据库设计完成后，将开发成果发给相关的技术人员进行"头脑风暴"式评审
系统总体设计	重点关注软件接口的设计	软件概要设计完成后，组织相关技术人员一起开会讨论

（2）软件项目过程检查。在软件开发过程中往往出现工程延期现象，所以在软件项目实施过程中进行过程检查是非常重要的，而该过程的重点是"进度检查"。在实际的开发工作中，许多软件项目启动一段时间后，项目组要求不断加班，这很容易让整个开发团队处于疲惫的状态，从而使得开发团队的工作效率变低，忽视软件的质量。因此，

要组织软件进度和质量检查，及时关注实际的开发进度与计划进度是否存在偏差，如果存在偏差，就应该及时找到根源并消除，避免问题不断放大。

（3）软件测试。在软件项目的质量管理中，软件测试是工作量最大的工作。因为软件开发过程中的所有问题或不规范及人员疏忽等导致的问题，都需要经过软件测试这个关口检测出来。软件测试工作需要重点关注以下四项工作。

① 设计测试用例。在测试工作中，设计良好的测试用例至关重要，因此应该依据开发计划、进度及侧重点来设计主要业务或核心模块的测试用例。设计测试用例的根本目标是列出测试的重点和大纲，并且依据它们实施测试工作。

② 软件功能测试。所有软件产品都应该首先在功能上满足用户的需求，因此软件功能测试是软件质量管理工作的关键一环。在软件产品试运行前，务必要认真完成功能测试。等到用户发现了软件错误，不仅会影响公司的形象，而且会让用户怀疑开发团队的能力和软件质量，后果相当严重。

③ 软件性能的测试。软件性能主要包括安全性、可靠性、运行速度等因素，这些因素容易被忽视，一般依据用户对软件性能的具体需求实施测试，如金融、电信、铁路、航空、军事等行业的应用软件项目对性能要求普遍较高，因此应该尽早设计。

④ 软件缺陷管理。该类问题是很容易被忽视且很难在软件测试过程中被发现的。因此，在软件项目实施中，尽量采用一些软件工具实施缺陷管理及跟踪，确保软件的缺陷能够得到较妥善的处理。

软件项目的质量管理工作是非常复杂的工作，存在着许多难以控制的因素，如人为因素、测试环境偏差、工具问题、技术手段问题。因此，在实际的项目管理中，应充分利用实际应用环境的资源，尽量保障软件的质量。

7.4.4 软件项目的配置管理

所谓软件项目的配置管理是对软件产品进行标记、存储与控制，从而来维护它的完整性、正确性、可追溯性等特性，为软件开发工作提供一套完整的管理办法与组织原则。其中软件的配置管理要素有以下内容。

（1）软件的配置项，即软件配置管理的对象。软件的配置项举例如表 7.2 所示，其中列出了可以用作软件的配置项的要素。

表 7.2　软件的配置项举例

类　　别	特　　性	举例说明
运行环境类	软件开发的环境、软件维护的环境	操作系统、开发工具（如测试工具）、编译器、数据库、文档编辑工具、项目管理工具
软件定义类	用户需求分析与软件定义阶段的产品	比如用户需求规格说明书、软件项目开发计划、软件的设计标准、软件测试计划、软件验收计划
软件设计	软件设计得到的成果	软件系统设计规格说明书、数据库设计手册、程序编码标准、用户界面标准、软件测试标准、软件系统测试计划

续表

类　别	特　性	举例说明
编码类	编码及单元测试后得到的产品	应用程序的源代码、单元测试
软件测试类	软件测试完成后产生的成果	软件测试数据、测试结果、用户操作手册、软件安装手册等
软件维护类	软件维护阶段的成果或文档资料	对上述材料或成果进行变更

（2）基线。在软件开发过程中，用户需求分析、软件设计、软件测试每个重要阶段完成时，都应建立基线。常用的三种基线是功能基线、产品基线、分配基线。所谓功能基线是指在用户需求分析与软件定义阶段，经正式技术评审并批准实施的用户需求规格说明书中关于软件规格的说明，还有协议书或合同中规定的关于软件的规格说明。此外，还包括软件任务书中的软件规格说明。产品基线即在软件集成、系统测试阶段完成时，经过正式评审与批准的，关于软件的配置项及规格说明。分配基线即在用户需求分析阶段完成时，经过正式评审与批准的用户需求规格说明。

（3）系统配置的管理部门。该部门负责评估软件的变更、申请流程、与项目管理层进行沟通。软件配置管理一般包括项目经理、软件配置小组、配置控制小组、开发人员等。配置管理组织职责如表 7.3 所示。

表 7.3　配置管理组织职责

组织机构	负责任务	职　责
项目经理	承担软件项目的开发活动，依据软件配置小组的建议核准各项活动并且控制相关进程	①确定和完善软件开发的组织架构与配置策略；②核准并发布配置管理的计划；③确定软件项目基线与开发工作的里程碑；④审阅软件配置控制小组的报告
软件配置小组	主要管理软件研发基线，承担软件变更控制的事务	①授权建立软件基线；②审核与审定软件基线的更改；③审核软件基线的成果与报告
配置控制小组	协调、实施项目	①建立和管理软件项目的基线；②创建、维护、发布软件开发计划及软件开发标准；③管理软件开发的基线，并更新软件的基线；④产生软件基线成果或产品；⑤记录软件配置小组的活动；⑥发布软件配置小组的报告
开发人员	具体实施开发任务	依据软件配置计划完成开发任务

7.5　软件的评审与验收

 ## 7.5.1　评审

对软件组织评审是项目监管的一个重要手段。通过对软件进行阶段性评审可以确定软件的执行情况。

➡ 1. 评审准备阶段

该阶段主要确定评审的内容、发送评审的资料与审阅相关资料，主要包括评审材料、评审目标、评审形式、评审标准、评审流程、评审的负责人、评审完成标准、参加人员、评审的地点、评审的时间安排、评审发生争议时的解决方式等。

➡ 2. 评审过程

可以将评审过程分为定期评审、阶段评审与事件评审。

（1）定期评审：依据开发计划，跟踪采集到的数据，定期对软件开发的进度进行评审，监督项目的实施进展和当前的成果，核查任务的规模、软件项目的进度、资源调配的合理性、责任的落实情况等。依据数据分析成果、评审情况，及时监督和跟进计划实施情况，并且评审责任落实情况，针对出现的问题需要及时采取有效的管理措施。

（2）阶段评审：对软件进行阶段评审，主要是检查该阶段的计划组织实施情况，检查软件产品开发进度与计划之间的偏差，并且对软件项目的风险实施处理，调整并细化计划，对下一阶段的工作进行必要修正。阶段评审一般采用会议评审的形式。

（3）事件评审：指在软件项目实施过程中，为了及时解决可能出现的意外事件而实施的评审。事件评审的目标是经过分析事件的影响范围，讨论事件的处理方案，判别该事件是否影响软件项目的计划，在必要时需要采取纠正措施，以保证整个软件开发计划顺利实施。

7.5.2 验收

➡ 1. 软件项目收尾

软件项目经过最后测试之后就是收尾阶段。软件项目的收尾阶段是各项工作的关键，在该阶段要完成软件项目的最后工作，整理并提交相关文档，实现对用户的承诺，最后进行评审验收，并且总结经验教训。

软件项目收尾工作：对最终的产品进行评审验收、决算，构成软件项目的档案，汇总经验教训，实现合同事项等。

➡ 2. 软件项目验收

验收可以面向正常完成的软件项目，也可以面向未完成或以失败告终的软件项目。软件项目验收指的是将软件应交付的成果与文档提交给用户的过程，或者是取消该项目的过程，这些也是项目团队总结经验，吸取教训，搜集整理资料、数据，从而实施调整的过程。软件项目验收表明软件开发团队与利益相关者已经终止对当前项目的责任及义务，并按照合同或规定获取相应的权益。

软件项目验收时需要构建验收小组，人员包括软件接收方、开发团队与项目监理人员。根据不同的项目、不同的类型与规模，软件项目验收的构成不同，普通的小项目由软件接收方组织验收即可；大项目的验收过程则相当复杂，其过程一般包括：

　　① 评审软件项目的验收计划；

　　② 软件开发团队依据软件项目计划与标准实施验收自查，核查需求完成情况及实现程度；

　　③ 对软件项目进行最终评审；

　　④ 验收并对软件项目进行总结，资料归档。

　　若软件产品符合合同规定，参加验收的团队、软件接收方应签字，相关负责人应在验收鉴定书上签名并填写意见。一般而言，当软件验收通过后，软件开发团队把软件成果的所有权转交给用户或软件接收方。移交完毕后，软件接收方应对软件项目实施管理，并有权使用该软件项目成果。此后，软件企业的任务转向对软件项目的支持、服务。

习题7

　　1. 在软件项目管理中一般有哪些职能？

　　2. 在软件项目组织过程中，解释什么是 5W 与 2H 原则？

　　3. 讨论现代的软件组织架构是什么样的？

　　4. 软件项目的质量可分成哪三个层次？

　　5. 软件质量管理方法可以分成哪三类？

　　6. 软件技术评审的内容有哪些？

　　7. 简述软件项目评审的过程。

　　8. 简述软件项目验收的过程。

第8章 面向对象方法学基础

本章将介绍如何使用面向对象的建模方法实现对软件的分析。前面学习的方法是面向过程的结构化设计方法，软件开发被分解为多个过程。面向对象方法与其不同，使用构造模型的原理，在软件开发过程中，每个步骤都具有共同的目标，即创建一个问题域模型。因此，在该类设计中，起初的元素是对象，随后把所有拥有共同特性的对象归属于同一类，厘清类与类之间的关系，便于构造类库。当需要应用时，只要到类库中挑选相应的类进行实例化即可。

随着面向对象的软件分析与设计方法的普及，UML 随之应运而生。UML 是一种专门用于软件建模的语言，其作用是在软件开发人员与用户之间架起桥梁，便于大家沟通。

8.1 概述

目前，面向对象方法是主流的软件开发方法。面向对象方法不仅是具体的开发技术和开发策略，同时也是用面向对象的观点研究问题，进而进行软件结构构建的软件方法学。

通常来讲，面向对象方法的思想涵盖两个方面。

第一方面，从自然界客观存在的事物出发来构建软件，在软件构造过程中尽量使用人类思维方式。软件的开发目的是解决一些问题，该类问题涉及的业务范围称作软件问题域。面向对象方法强调以问题域中的对象为中心认识问题、思考问题，依据事物的特征将其抽象为软件的对象，从而以对象作为软件的基本单位，这样便可以将软件直接映射到问题域。

第二方面，面向对象方法比其他方法更符合人类的思维方式。尽管结构化方法也比较符合人类的思维习惯，不过与传统方法相比，面向对象方法更关注使用人类逻辑思维方法，比如抽象、继承等。采用该方法让软件开发人员可以更有效地处理问题，并且以人类都能够理解的方法把自己的想法表述出来。

正如前面所述，对问题进行求解的过程便是软件开发的过程。依据软件工程的观点，可以将软件开发的过程分成若干周期，包括软件分析、软件设计、软件实现、测试与维护等阶段。在早期阶段，软件开发工作是指编程，因此其成功与否更加依赖工程师的经验。

面向对象方法学的着眼点是尽量模拟人类的思维方式，让软件的开发方法和开发过程模拟人类处理问题的方法和过程。面向对象方法具有下述四个要点。

（1）面向对象的软件系统是由若干对象构成的，其中软件中的所有元素都可以看成对象，复杂的对象是由一系列简单的对象组合而成的。

（2）将全部对象划分成若干对象类，称为类。每个类都定义了数据与方法，其中数据表示对象的属性，描述对象的状态。

（3）依据子类与父类的关系，将多个类构成一个具有层次的系统。

（4）各对象之间只可以通过传递消息进行联系。

面向对象的开发方法可以分为面向对象分析、面向对象设计及面向对象编程三个步骤。

（1）面向对象分析（OOA）就是使用面向对象的方法实施系统分析，是面向对象开发方法的第一步。其基本任务是使用面向对象方法在问题域中得到类和对象，包括各种关联关系等。

（2）面向对象设计在面向对象分析步骤之后。该步骤的目标是创建可靠的、清晰的软件模型，以完善面向对象分析的成果并进行细化。它与面向对象分析的关系是：面向对象分析描述了"做什么"，而面向对象设计描述了"怎么做"，即面向对象分析仅解决软件"做什么"，却不涉及"怎么做"，面向对象设计则是专门研究"怎么做"的。

（3）面向对象编程采用某种面向对象语言，编程实现软件中的类与对象，并且可以让软件正常运行。其仅是采用编程语言实现面向对象分析、面向对象设计的过程。

8.2 面向对象的软件工程

8.2.1 相关概念

1. 什么是对象

所谓对象是对所解决问题空间中客观事物的抽象，是对一些属性与操作的封装。使用 UML 表示对象的符号如图 8.1 所示，可以看出，其包含两个基本要素：①属性，即描述对象静态的特征；②操作，即描述对象动态的特征。

2. 类

类即一些具有同一属性与操作的实体集合。在 UML 中，类图通常用矩形描述，小汽车类的 UML 类图描述如图 8.2 所示，我们可以将"汽车"描述分成车型、颜色和车架号三部分，分别表示类名称、静态的属性与动态的操作。

3. 封装

在面向对象技术中，封装是将属性（数据）与操作的相关代码存放在一起，形成一个整体。对象可以满足封装性要求的情况如下。

（1）对象应该具有清楚的边界。全部私有数据与操作的程序代码可以封装到边界内部，从外部看不到也无法直接访问。

（2）具有确定的接口，且向对象传送消息时，仅能通过接口实现。

（3）内部的实现情况受到保护。对于每个实例化的对象，其数据、属性与内部实现都不能在该对象所属类的范围外访问。因此，封装是对外界实现信息隐藏的手段，对外隐藏了如何实现对象的细节。

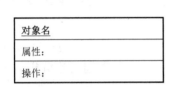

图 8.1　使用 UML 表示对象的符号

图 8.2　小汽车类的 UML 类图描述

4. 继承

继承是面向对象的一种技术，表示子类将共享父类（基类）内定义好的属性和方法。在面向对象技术体系中，某个类可以有父类，也可以有子类。图 8.3 所示为实现继承机制的原理，在图 8.3 中，以类 A、类 B 为例，可以看出，类 B 是类 A 的子类，因此类 B 除具有自己定义的数据与操作外，也可以从类 A 中继承全部特性。

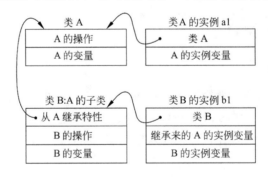

图 8.3　实现继承机制的原理

继承具有传递性质，也就是说，一个类可以继承其上层所有基类的全部信息。

如果类与子类之间形成树形结构，那么类的继承便是单继承；如果某个类具有超过一个父类时，此时称为多重继承。因此，某些满足条件的类可以将多个父类特性组合起来组成需要的特性，所以采用多重继承时要注意避免二义性。

5．重载

重载包括函数重载和运算符重载。所谓函数重载指的是在一个作用范围内，多个函数可以采用同一个名字，只是参数的个数或类型不同；所谓运算符重载指的是相同的运算符可用在不同的操作数上。因此，重载机制提升了面向对象软件的可读性、灵活性。

8.2.2　面向对象的层次化设计技术

通常，将面向对象软件中的全部对象分为三类，分别是图形用户界面（GUI）类、问题域类与数据访问类，因此软件开发人员在软件分析与设计中需要分清这三种情况。在实现软件时，首先需要确定的是问题域类，继而是实现图形用户界面类，最后实现数据访问类。完成全部的内容后，就可以作为一个整体工作了。本书以图书管理系统为例，图书管理系统的三层关系图如图 8.4 所示，该图给出了软件的三层结构。

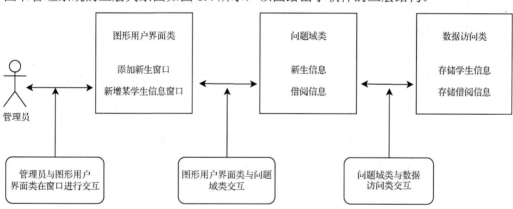

图 8.4　图书管理系统的三层关系图

在面向对象技术中，将一个软件分为三个层次，这样对整个软件的设计、开发与维护工作是非常必要的。维护软件的任意构件对其他构件的影响不大。例如，修改数据的存储方式，只要对数据访问类进行修改即可，无须改变 GUI 类、问题域类。此外，这种设计的好处是开发出来的构件可重复利用。

8.2.3　类与对象的关系的分析

1．类与对象的关系

类与对象到底存在着什么关系？参考图 8.5 所示的对象和类间关系进行说明。将属于某类的所有对象进行抽象定义就形成了类的概念，而其中的任意对象都是一个实例化的实体。因此，类是对象的模板，对象是类的"实例"。

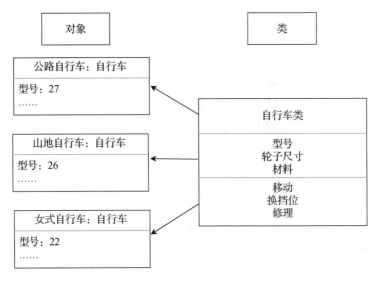

图 8.5　对象和类间关系

类表示一类被抽象的事物，对象则是客观存在的实例。

2．基础概念

1）继承

子类共享基类定义的数据与方法的方式称为继承，而把各个子类共有且通用的特性构成父类的过程称作泛化。类与类、类与接口、接口与接口之间都可以实现继承。

2）多态性

多态是指父类的全部属性与方法都可以被子类继承，并且可以表现出不一样的行为和不同的数据表达方式。多态性的实现有两种形式，即编译时的多态性，运行时的多态性。图 8.6 所示为多态性示意图。

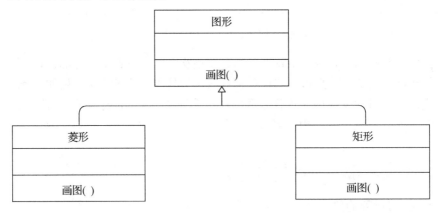

图 8.6　多态性示意图

3）关联

关联体现的是两个类之间语义级别的一种强依赖关系，关联既可以是单向的，又可以是双向的。类之间的单向关联示意图如图 8.7 所示，表示单向关联关系。从代码层面来看，被关联类 B 可以作为类 A 的属性出现，说明类 A 与类 B 产生了关联关系。

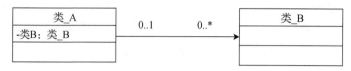

图 8.7　类之间的单向关联示意图

4）依赖

依赖关系是一种使用关系，即一个类的实现需要另一个类的协助。比如，类 A 的某个方法中使用了类 B，就可以说类 A 依赖类 B，它们是依赖关系。如图 8.7 的左部图形所示，类 A 的一个方法需要使用类 B，即类 B 是作为类 A 方法中的一个参数呈现的。无论哪种情况，在类 A 中类 B 可以看作局部变量。因此，若类 B 的局部变量出现在类 A 中，那么表示类 A 依赖于类 B。类之间的依赖关系示意图如图 8.8 所示，图中的箭头表示依赖，箭头指向被依赖的类。

到底是关联关系，还是依赖关系，我们可以使用这样一个原则进行判断：若某个类是另一个类中的成员变量，二者构成关联关系；若某个类是另一个类中的局部变量，二者构成依赖关系。

5）实现

实现用来表示接口与实现该接口的类之间的关系。接口实际上是行为的集合。类与接口间最普遍的关系是实现，一个类可能实现接口的一个或若干个功能。参考图 8.9 所示的类与接口间的关系描述，在 UML 中，类和接口之间的关系一般使用空心三角形加虚线表示。

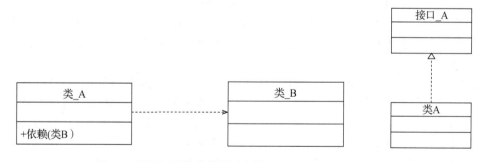

图 8.8　类之间的依赖关系示意图　　　　图 8.9　类与接口间的关系描述

6）聚集与组合

有时候，一个类可能由若干部分组成，又可以细分为聚集与组合。那么什么是聚集，什么是组合呢？当部分和整体具有不同的生存期，若整体关系不存在了，但部分仍存在，该情况称为聚集；当整体和部分具有相同的生存期，若整体不了了，部分也消失了，这种情况称为组合。参考图 8.10 所示的类之间的聚集和组合关系示意图，在 UML 中，聚集关系用空心菱形表示，组合关系用实心菱形表示。

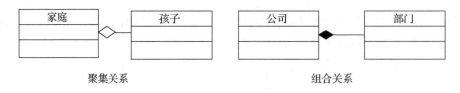

聚集关系　　　　　　　　　　　　　组合关系

图 8.10　类之间的聚集和组合关系示意图

关联和聚合（聚集和组合）的区别如下。

（1）关联和聚合在代码层面的表现是一致的，只能从语义级别来区分。关联的两个对象之间一般是平等的，如你是我的朋友；聚集则一般不是平等的，表示一个对象是另一个对象的组成部分。

（2）关联是一种结构化的关系，指一种对象和另一种对象有联系。

总体来讲，继承与实现体现的是一种类与类或类与接口之间的纵向关系。其他四种（组合、聚集、关联、依赖）表示的是类与类或类与接口之间的引用、横向关系，是比较难区分的，因为这几种关系都是语义级别的，所以从代码层面并不能完全区分各种关系，四者之间的强弱关系依次为：组合>聚集>关联>依赖。

8.3　关于UML

8.3.1　UML概述

UML 即统一建模语言，其经过不断发展与完善，已经成为软件建模领域的首选标准。软件开发人员使用 UML 可以创建多种模型以描述用户的需求与软件设计方案。

大家知道对软件进行建模的原因吗？规模较大的软件都是相当复杂的，而当一个软件非常复杂时，一般会涉及软件开发人员和用户如何进行沟通来明确用户对软件的需求，软件开发人员之间怎样沟通才能确保各部分无缝衔接与协作等问题，这才是软件需要建模的真实原因。

通过上面的学习可知，在软件设计阶段建立模型可以降低软件设计工作的复杂性。从用户角度讲，软件经过模型化可以帮助用户更容易理解软件，可以让用户将更多精力放在配合做好软件设计工作上，而忽略无关紧要的事情。模型是对客观现实的抽象，是对真实软件的逻辑描述，软件建模事实上是去除无关或容易引起混淆的细节。因此，不可以不经过精心设计而直接去开发实际的软件。使用 UML 建模可简化软件的设计与维护工作，让软件的设计、研发、维护工作变得更加容易理解。

8.3.2　UML图

UML 可以提供多种图，它们通常分为以下两类。

（1）静态图，包含用例图、类图、对象图、部署图等。

（2）动态图，包含状态图、顺序图、协作图与活动图等。

➡1．用例图

用例图（Use Case Diagram）表示外部参与者与用例（功能）之间的联系。所谓用例就是软件中描述参与者与软件间交互的功能模块（单元）。因此，用例图仅描述软件外部参与者从外部看到的软件功能，而不是该功能在软件内部的实现细节。

➡2．类图

类图（Class Diagram）以类为中心。在图中，类主要由以下三种方式进行互联：①关联；②特殊化；③依赖。这三种联系称作类间的关系。全部的关系与每个类的内部结构都可以在图中显示出来。

➡3．对象图

对象图（Object Diagram）可以看作类图的变体，采用与类图类似的一套符号来描述。对象图与类图唯一的不同是对象图展示的是类经过实例化后而产生的一系列对象。实际上，对象图只是类图的实例，用来展示软件在某时刻时，软件显现的样子。

➡4．部署图

部署图（Deployment Diagram）主要用来描绘软件的物理结构，通过部署图，我们不仅可以看到实际的硬件设备与各种网络节点，还能显示连接与连接的类型。

➡5．状态图

状态图（State Diagram）用从另一个侧面对类进行描述的方式，来展示类的实例化对象可能拥有的全部状态及引起状态变化的事件。其中，状态的变化被称为转移。一个状态图是由对象的不同状态与连接状态的转移构成的。任何事件的发生都可能触发对象状态的转移，从而使对象从某一状态转变成另一个新的状态。在进行实际的建模时，没必要给所有的类和对象都绘制状态图，当一些类拥有多个确定状态且状态的改变会影响类时建议绘制状态图。

➡6．顺序图

顺序图（Sequence Diagram）显示若干对象间的协作关系，关键显示各参与对象间传输消息的时间次序。在顺序图中，也可以看到各个对象间的交互，即在软件执行时，某时间点即将出现的事件。

➡7．协作图

协作图（Collaboration Diagram）是显示某一组对象如何由于某个用例描述的一个事件而与另一组对象进行协作的交互图。使用协作图可以显示对象角色之间的关系，如为实现某个操作或达到某种结果而在各个对象间进行交换的一些消息。若想关注时间与序列，建议选择顺序图；若更加关注前后关联，建议选择协作图。需要指出的是，顺序图与协作图都能描述各个对象之间的交互关系，不过它们描述的侧重点不一样。协作图采用各角色的前后排列来描绘角色间的关系，同时利用消息描述这些关系。顺序图用消息的前后排列关系来表达时间顺序，而各个角色间的关系却是隐含的。在实际的软件设计建模中，设计建模人员可以根据不同的需求选择到底使用哪种图来建立模型，若更加关注时间性或事件顺序，此时选择顺序图；若更加关注上下文，那么协作图是更好的选择。

8．活动图

活动图（Activity Diagram）主要用来描述软件执行某一算法时，工作流中涉及的各项活动。其中，活动图是由若干动作构成的，当某一个动作实现后，其下一步的动作将发生改变，转变到某个新的动作，而控制信息在这些变化中不断转换。

8.4 用例图概述

在软件开发阶段，我们可以使用面向对象技术进行开发，也可以使用传统的软件开发方法。无论采用何种方法，都要完全掌握用户的真实需求。从用户角度描述软件的功能模型是让用户最容易接受的一种方式，使用用例图便可以达到这个要求。因此，当系统分析员进行需求分析时，使用用例图建模可以更好地描述软件应该具备的功能。完整的用例图模型是由系统分析员和用户经过多次协商、探讨才完成的。在面向对象建模中，其他的软件模型的基础是用例图。实际上，用例图是研发人员和用户都看得懂的，因为用例图是一种列举软件业务需求的模型。

在本节中，首先介绍系统、参与者、用例等基础概念及表示方法，讨论它们之间的关系，最后教大家如何利用用例图描绘用户需求。

8.4.1 用例图的构成

使用用例图定义软件的功能需求可以描述参与者和用例间的关系。此处的参与者可能是人，也可能是另一个软件（或模块）。也就是说，用例图是从参与者使用该软件的角度描绘该软件应具有哪些功能与相关信息。学生成绩管理系统用例图如图 8.11 所示，其描绘了一个学生成绩管理系统的用例图，是一个真实成绩管理系统经过高度简化的范例。

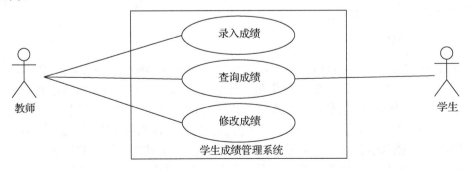

图 8.11　学生成绩管理系统用例图

通过上面的用例图可以看出，用例图仅由很少的一部分标记符构成，因此包含的信息并不多。通常情况下，用例图的基本组成元素是系统、参与者、用例和关系。

➊ 1. 系统

在用例图中，系统是一个非常关键的组成部分。此处的系统不是指某一个具体的软件系统，而是让用户执行某些功能的若干软件构件。那么，如何确定系统的边界呢？若想精确地找到系统的边界并不是一件容易的事。在某些情况下，分清楚哪些任务是由系统完成的，哪些任务是由人工或其他系统实现的是一件很困难的事情。此外，软件的初始规模是一个人们要重点考虑的内容。系统边界的用途是什么？系统边界用来描述用例图适用的范围。如何界定范围呢？通常采用的做法是，首先找出系统具有的基本功能，接下来定义一个较完整的系统架构，后面对其进行不断扩充，并不断完善即可，避免浪费时间。例如，放置在校园中的自动售货机向师生提供售货、接收销售款、供货等功能，而这些功能的实现是在自动售货机内部完成的，因此自动售货机外部的情况则不需要考虑。

参考图 8.11，在用例图中，系统可以用一个矩形框表示，而系统的名称可以在矩形框上方或矩形框内部显示。在矩形框内部包括各种用例及关系。图 8.11 中的矩形框包含了三个用例，分别是录入成绩功能（RecordGrade）、查询成绩功能（QueryGrade）与修改成绩功能（ModifyGrade）。

➋ 2. 参与者

参与者即系统外部的实体。它一般向系统输入某种信息，或者系统需要参与者将某些信息传进来，从而实现与系统进行交互。当系统分析员明确系统的用例阶段时，最先要解决的问题是识别出所有参与者。它实际上是使用系统的对象，可以是某类人、某个计算机系统、某个子系统。事实上，一个用户可以对应多个参与者。类似地，不同类的若干用户可能仅对应某一个参与者。

在用例图中，每个参与者都对应某个具体的角色。参与者的表示符号是统一的，需要在参与者符号下面列出角色名。用例图的参与者符号举例如图 8.12 所示，该图描述了两个参与者。其中，教师（Teacher）表示以教师身份登录软件的用户，不是具体的某个人。因此，当给参与者起名时，应尽量通俗易懂、简洁明了，并且以角色来命名。同时，用例是指软件的功能模块。注意，某个用例可能被某个或若干参与者使用，类似地，某个参与者也可能同某个或若干个用例实现交互。最后，参与者是由用例与参与者所承担的角色来决定的。

图 8.12　用例图的参与者符号举例

起初，参与者与用例之间实现交互，不过随着项目不断推进，用例将被各种类与组件实现，此时参与者将发生变化，已不是具体的用户，从代码角度讲，其已成为用户接口。例如，在分析阶段的用例图中，图书管理员需要同借书用例进行交互，实现某本图书被借出的功能。而在设计阶段，其参与者却成了两个元素，即图书管理员角色与其使用的接口，此时用例变成许多对象与用户的接口及其他部分进行交互。

参与者并不是软件的组成部分，其必定处于软件的外部。若能正确回答下面的问题，就可以协助系统分析员找到参与者。

（1）软件的客户是谁？

（2）哪些人将要借助该软件完成工作？

（3）由哪个部门或哪些人维护软件？

（4）软件与其他软件进行交互吗？有哪些？

（5）软件从哪里获取数据？

当找到参与者后，系统分析员从参与者的角度来核实参与者需要软件提供什么功能，以此创建参与者需要的用例。一般而言，一个用例需要与若干参与者进行交互，而不同的参与者承担的角色不同；某些参与者接收用例提供的数据，某些参与者为用例提供某些数据或服务，还有一些参与者是管理与维护软件的。因此，我们需要将参与者进行分类，来确保可以将软件中的全部用例标识出来。

通常我们将参与者分为两类，分别是主要参与者、次要参与者。所谓主要参与者就是频繁使用软件的用户。系统分析员首先需要识别出主要参与者。比如，在图书管理系统中，因为图书管理员负责图书的借阅，属于主要业务，因此图书管理员是主要参与者，而系统管理员主要实现对系统的维护，因此系统管理员是次要参与者。

当识别完参与者之后，系统分析员从参与者角度出发，关注每个参与者需要软件实现哪些功能，以此创建参与者需要的用例。

3. 用例

如何理解用例？它是软件的用户对软件的一系列连续操作，只在软件用户登录系统完成某个工作或任务时出现。对于用户来讲，用例是可以看到的某个功能（模块）单元。如果把各个功能单元组合起来，便实现了对用户需求的描述。

1）概念

更直白地讲，用例是软件应该具备的功能。每个用例表示软件为用户提供的一种服务。此处的用户包括计算机、人类与其他对象。用例指出了软件应该做什么，但不会说明软件没必要做什么。

对用例命名也是非常重要的。用例的名字可以是字母、数字及除冒号以外的其他符号组成的字符串。通常情况下，对用例进行命名，尽量采用动词加名词。比如，验证身份、提取货款。用椭圆表示用例图如图 8.13 所示，该图采用椭圆表示用例图，并且将用例名写到椭圆内部，或者写在椭圆的外部。（通常情况下是将其名称写在椭圆内部。）

图 8.13　用椭圆表示用例图

由于一个软件完整的用例描述了该软件的所有行为，所以必将致使图中的用例过于庞大。因此，包机制诞生，其功能与目录类似。为了方便使用，通常将相关用例存放在一个包中。对于装进包的用例的表示方法如图 8.14 所示，可通过在用例名字前加上包名与 2 个冒号，从而确定该用例属于哪个包。

图 8.14　对于装进包的用例的表示方法

2）如何识别用例

建立用例的模型并非易事，它是一个不断迭代的过程。当确定软件的参与者时，就需要对用例进行识别。将已识别的参与者作为引子，站在每个参与者角度分析其如何使用软件，通过观察软件对各种事件的响应进一步识别用例。采用这种策略，可以发现新的参与者，从而逐步完善用例图模型。我们可以询问一些问题，以帮助我们发现用例。

（1）软件的各个参与者需要软件提供哪些功能？

（2）软件的参与者是否通过软件查询、修改、输出、删除或存储某些信息？

（3）若软件的状态改变，是否会通知参与者？

（4）有没有影响软件运行的外部事件？

（5）软件的输入/输出格式和内容有什么要求？

4. 关系（关联）

参与者和用例间的连接线段称为关系（关联），即参与者和用例产生了双向通信。参与者和用例之间存在某种关联如图 8.15 所示，其表示了参与者和用例的关联情况。

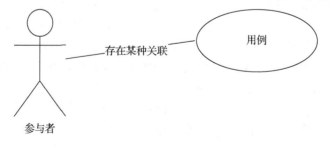

图 8.15　参与者和用例之间存在某种关联

图 8.15 是一个非常简单的例子，参与者和用例之间只显示了一条通信关联。实际

上，一个参与者可能同若干个用例产生关联，类似地，某个用例也完全可能和若干个参与者产生关联，图书管理系统的某个用例图中存在的关联如图 8.16 所示，该图给出了一个简单的图书管理系统的用例图。

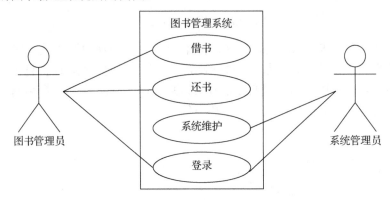

图 8.16　图书管理系统的某个用例图中存在的关联

在图 8.16 中，该图书管理系统有系统管理员（Administrator）和图书管理员（Librarian）两个参与者。下面我们一起探讨一下两个参与者的基本操作流程：图书管理员登录系统，当存在借阅者借书或还书时（假设该单位没有自动借书终端），此时由图书管理员执行借书与还书操作。而在后台，软件的管理员即系统管理员也要时刻保证软件正常运行，因此系统管理员也需要经常登录软件，及时对系统出现的问题进行维护。

8.4.2　泛化

在 UML 中，泛化是一种表示继承关系的方法。该方法常用在用例图中，因为参与者和用例都可以泛化。泛化用例意味着子用例从父用例中继承了某些功能，且子用例和它的父用例间的功能是有差异的。

1．用例泛化

下面我们来看一下用例泛化。所谓用例泛化指的是某个用例（通常是子用例）与父用例之间存在的关系，我们知道父用例中包含了子用例的公共特性。通常，泛化可以把一般用例和特化用例关联在一起。问题来了，什么是特化用例？通常来说，子用例便是父用例的特化，因为子用例除了拥有父用例的一切特性，它本身还能够具有自己的特性。因此，一个父用例完全可以被特化为一个或多个子用例，我们可以灵活使用这些子用例。对身份验证用例进行泛化如图 8.17 所示，该图表示对身份验证用例进行了泛化。

在图 8.17 中，身份核验用例 VerifyIdentity 是一个非常抽象的父用例，我们无法看出其具有的功能，即它不对外提供身份验证的方法，因此它的子用例须提供具体的身份验证方法。

2. 泛化参与者

如何泛化参与者？在图书管理系统中，存在参与者 Manager，它包含图书管理员和系统管理员。泛化后的参与者在系统中扮演具体的角色。参考图 8.18 所示的使用泛化精确管理员，在描述参与者 Manager 时，就可以泛化成 Librarian 与 Administrator。当不考虑系统交互时，对外统一使用 Manager。若开发过程中须明确管理员的类别与具体职责，此时用例说明须采用准确的参与者角色。

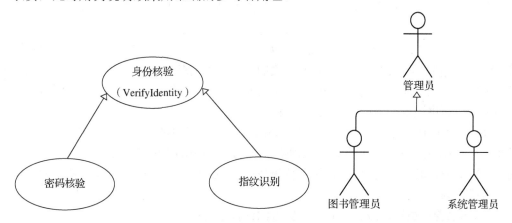

图 8.17　对身份验证用例进行泛化　　　　图 8.18　使用泛化精确管理员

已泛化的参与者与已泛化的用例关联起来如图 8.19 所示，我们还可以把已泛化的用例和已泛化的参与者联系起来。

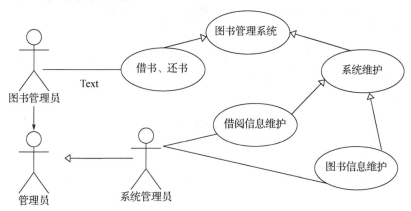

图 8.19　已泛化的参与者与已泛化的用例关联起来

3. 用例描述

我们知道用例图描述了参与者与系统间的关系，不过其缺乏行为细节的描述。因此，通常情况下，描述用例时需要采用文档的形式，且每个用例都应该拥有一个用例描述。UML 没有对用例的描述进行限制，不过通常情况下，用例描述主要包含以下几个方面。

（1）用例名称：说明用例的功能用途，比如"借阅图书"。

（2）标识符：本项是可选项，用于唯一地标识用例，比如"ZC202201"，以便后面可以在软件的其他元素中用标识符引用该用例。

（3）参与者：可选项，与用例相关的参与者集合列表。

（4）前置条件：关于条件的列表。它描述执行某个用例之前，软件须满足的一些条件。若不满足这些条件，那么该用例将不会被执行。

举例说明：当某个学生去图书馆借书，借阅图书用例需要核验学生一卡通的相关信息，若学生的借书证件已失效，此用例就不能建立借阅关系。

（5）后置条件：当用例执行完成后须实现，其提供了软件的部分描述。我们比较好奇，当用例完成后，软件处于何种状态？我们对此并不清楚。所以，当用例结束执行后，必须确保软件处于非常稳定的状态。比如，当借阅者借阅图书成功后，系统用例需要向图书管理员提供该借阅者的全部借阅信息。

（6）基本操作流程：在每个用例中，系统参与者执行的是正常路径。因此，此时的操作流程关注用户与用例间的交互。如何描述主要的操作流程呢？它是一项细活。通过描述操作流程，很可能发现用例图中遗漏的内容。比如，关于"借书用例"基本的操作流程可描述为：

① 图书管理员输入或扫码录入借阅者的证件信息；

② 软件需要验证借阅证件的有效性；

③ 软件核查该借阅者是否存在图书超时未还的情况；

④ 图书管理员输入或扫码录入借阅者准备借阅的图书相关信息；

⑤ 软件把该借阅者的信息保存后提交到服务器的数据库中；

⑥ 软件页面将该借阅者的全部借阅信息显示出来给管理员看。

（7）修改历史记录：属于可选项。当用例进行过修改后，需要对修改历史进行登记。例如，修改时间、原因与修改人相关信息。

关于还书用例的完整描述如表 8.1 所示。

表 8.1　关于还书用例的完整描述

用 例 名 称	还　　书
标识符	HZ0001
用例描述	当借阅者将图书还给图书管理员时，图书管理员执行还书相关操作
参与者	图书管理员
状态	审查符合要求，通过
前置条件	图书管理员已登录账号，进入软件操作页面
后置条件	还书后，图书的数量增加
基本操作流程	① 图书管理员录入或扫码输入图书信息； ② 使用软件查找与该书有关的借阅者信息； ③ 系统向图书管理员反馈该借阅者是否存在超时未还的图书相关信息； ④ 还书操作后，系统要自动删除该书的借阅信息，标记已还

续表

用 例 名 称	还 书
修改历史记录	徐智能，对基本操作流程进行了初始定义，2022 年 3 月 8 日。 屠伟才，对基本操作流程进行了修改，2022 年 4 月 20 日

参考表 8.1 的格式与内容，软件开发人员可以依据自己的情况对其重新定义。不过，需要注意，用例描述必须要有，用例描述及相关信息可以让用例更加完整。

当用例描述中的内容越来越完善时，人们仍然会发现原用例图中遗漏了一些功能。这也是软件分析、设计与开发工作的真实状况。软件模型需要进一步精练，软件开发每项工作的反复，都能使软件模型变得更完善。

4．用例间的关系

可以把较重要的可选流程从用例中分离出来，构成新的用例，这样做有利于整个系统。关联用例有两种方法，分别是包含关系与扩展关系。

1）包含关系

系统分析员对软件进行分析时发现，在不同的情况中，部分功能可以被使用。正如编写代码时，软件开发人员希望编写可以重用的软件构件，包括类库、函数或子过程。同样，UML 中的用例图支持同样的行为。在 UML 中，参考图 8.20 所示的具有包含关系的用例符号建立包含关系。在包含关系的用例图中，虚线箭头指向被包含用例。

图 8.20　具有包含关系的用例符号

用例图中的包含关系与对象间的调用关系类似。包含关系表达的是某个用例需要某种功能，而此功能被另外一个用例定义，因此在执行过程中，用例就要调用已定义的用例。而被包含的用例一般通过两种方法来确定：①被包含的用例早已存在，在软件开发阶段，正好需要一样的功能，因此无须在软件中重新定义该用例，只需将其包含到新定义的用例中即可；②从已有的若干用例中取出完成同一功能的操作，构成新的用例，其中被包含的用例又被称为提供者用例，而包含用例又被称为客户用例。需要指出的是，提供者用例主要是将功能提供给客户使用。为了弄清包含关系的工作原理，下面给出图书管理系统中的包含关系（见图 8.21）。

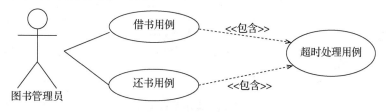

图 8.21　图书管理系统中的包含关系

在该例中有三个用例，分别是：借书用例 BorrowBook、还书用例 ReturnBook 与超时处理用例 ProcessOverTime。当图书管理员执行借书与还书操作用例时，它们都要对是否超时进行检查，所以我们从两个用例中将超时处理提取出来，构成一个公用的用例。

2）扩展关系

实际上，扩展关系是依赖关系的一种情况，其确定了某个用例对另一个用例具有增强功能。带扩展关系的用例标识符如图 8.22 所示，在符号表示方面，扩展关系和包含关系类似，仅将包含替换成扩展。

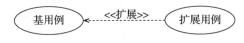

图 8.22　带扩展关系的用例标识符

通过图 8.22 中的扩展关系可知，其虚线箭头指向基用例，而箭头尾部处于扩展用例。在软件中如何利用扩展关系？带扩展关系的用例如图 8.23 所示，通过一个具体的例子来完成：超时处理用例 ProcessOverTime 由超时预警用例实施扩展。

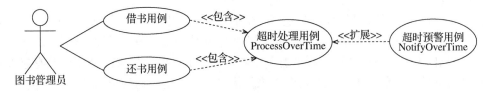

图 8.23　带扩展关系的用例

图 8.23 中基础用例是系统超时处理用例 ProcessOverTime，对应的扩展用例则是超时预警用例 NotifyOverTime。若借阅者能够及时归还图书，系统不执行超时预警用例 NotifyOverTime。若归还图书时确实存在超时的情况，则超时处理用例 ProcessOverTime 必然调用超时预警用例 NotifyOverTime 来提醒图书管理员及时关注并处理此事。

图 8.23 中的超时预警用例 NotifyOverTime 指向了超时处理用例 ProcessOverTime。这样处理的主要原因是超时预警用例 NotifyOverTime 对超时处理用例 ProcessOverTime 进行了扩展，也就是说超时预警用例 NotifyOverTime 是被添加到超时处理用例 ProcessOverTime 中的一个功能，但不是超时处理用例 ProcessOverTime 每次都要调用超时预警用例 NotifyOverTime。若每次均要核验系统中是否存在超时的情况，有则必须提醒图书管理员，此时需要采用图 8.24 所示的提示是否超时中的包含关系。

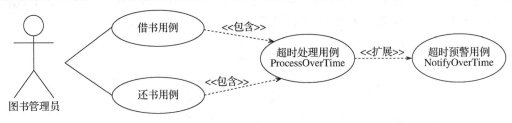

图 8.24　提示是否超时

➡5．用例建模

为了加深对知识的理解，我们以大学生熟悉的图书管理系统为例，教会大家如何创建用例图。通常，绘制一个用例图需要经过以下步骤：

（1）核实并明确软件涉及的整体信息；

（2）明确软件的参与者；

（3）明确软件的用例；

（4）创建用例模型。

1）核实并明确软件涉及的整体信息

高校图书管理系统软件是对高校图书馆的图书与读者信息进行管理的软件。软件的主要功能是：对借出图书进行处理、对图书归还事务进行处理并且可以查询借阅者的相关信息。系统管理员主要负责软件的维护工作，比如对图书信息、管理员信息、借阅者信息等进行维护。当明确了软件整体信息后，便可以分析软件的参与者，接着明确系统用例。

2）确定软件的参与者

查找软件的参与者和用例的工作，一般都是由系统分析员通过与用户沟通完成的。在该项任务中还要与借阅者进行讨论，通过讨论，了解借阅者的需求。以下是高校图书管理系统软件中关于业务需求的列表，可以协助我们建立用例图。

（1）软件可以让图书管理员登记借阅者借阅图书的信息。

（2）软件允许借阅者浏览相关信息；

（3）软件中完整准确地录入了图书馆的全部藏书。

进行到这里，我们很难获得对创建用例图有用的信息，因此需要向用户提出问题从而获取更多有价值的信息。通过多轮访谈后，会得到经过多次修改完善的业务需求列表。

（1）软件可辅助图书管理员实现借阅者借书与还书的请求。

（2）软件可以控制借书期限，若超时未还，软件应该生成一个超时提醒和罚款信息。

（3）软件的维护工作需要专业的系统管理员负责。

（4）软件允许管理员查询借阅者的借阅信息。

此处我们假设图书馆中没有自助借书设备，因此借阅者与软件不会直接产生交互。首先，借阅者到书架上找到想借的图书，最后向图书管理员出示借书证件和想借的图书。依据用户需求分析，明确以下几点内容。

（1）借阅者需要向图书管理员发起借书、还书及续借的请求，不与系统产生直接交互。因此，借阅者不是软件的参与者。

（2）对于软件来讲，由借阅者发起借书、还书请求，然后由图书管理员和软件进行交互，并且图书管理员还能够查询某借阅者的相关信息。

（3）对于一个软件来讲，维护系统是一个必要的工作。在该软件中，系统维护工作包括借阅者信息的维护、图书管理员信息的维护、图书信息的维护等。

通过上面的分析得知，软件的参与者有以下两类：

（1）系统管理员；

（2）图书管理员。

值得注意的是，同一个人可以同时承担系统管理员与图书管理员的角色。

3）明确软件的用例

当已经找到软件的参与者后，接下来须明确各参与者使用的用例，从而使软件系统能够正常运行。软件用例是指参与者和软件交互时需要软件完成的任务。如何识别用例？识别用例最好的办法是从参与者角度分析，比如提出"需要软件做什么？"等类似的问题来实现。由于软件中存在两种不同类型的参与者，我们分别从不同的参与者角度视角，列出高校图书管理系统软件的基础用例包含的内容。

图书管理员涉及的用例包含以下内容：

（1）借阅图书；

（2）查询借阅信息；

（3）归还图书用例。

对于系统管理员来讲，其用例包括：

（1）借阅者信息查看；

（2）借阅者信息维护；

（3）图书信息维护；

（4）图书管理员信息维护。

上面把软件的基本用例找到了，接下来需要对已发现的用例实施详细化描述，从而完整、正确地理解用户需要。若对用例实施细化描述，通用的做法是与用户的相关对接人进行细谈，即找图书管理员的负责人或具体做事的图书管理员谈，只有这样才可以细化每个用例。以下是对借阅图书用例的详细化描述。

（1）由图书管理员向软件输入借书证信息或扫码输入信息。

（2）系统必须能够验证输入信息的有效性。

（3）软件能够自动计算该借阅者所借图书数量是否超过可借数量。

（4）核查该借阅者是否存在超时借阅的行为。

（5）图书管理员录入或扫码输入借阅的图书信息。

（6）将新的借阅信息保存起来。

（7）软件可以查阅到借阅者的全部借阅信息，用以查看是否借阅成功。

接着我们列出图书归还用例的详细化描述信息。

（1）由图书管理员向软件输入图书信息或扫码录入信息。

（2）软件检查图书信息的有效性。

（3）软件依据录入的信息到服务器上查找相关借阅信息。

（4）软件依据已录入的借阅信息获得借阅者信息。

（5）查询借阅者是否存在超时借阅的情况。

（6）该书若已还清，将以前的借阅记录删除。

（7）将更新后的借阅信息保存起来。

（8）软件可以查询到该借阅者还书后还有多少本书未还。

在软件中，某些用例是共享的，因此为了以后开发工作的方便，需要对这种公用的用例进行分解，也就是说，把用例中的公用部分拿出来，便于其他用例调用。若显示当前的借阅信息，在图书借阅用例与图书归还用例中，都需要查询目前为止借阅者的借阅信息用例，并且需要核查借阅者是否存在超时借阅的行为。

从图书管理员角度看，有必要列出与其相关的四个详细化用例：

（1）借阅图书；

（2）归还图书；

（3）查询借阅信息；

（4）超时处理。

对上面的用例分析后，即可描绘出对应的用例图。图书管理员用例图如图 8.25 所示。通过观察图 8.25 可以看到，查询借阅信息、归还图书用例包含显示借阅信息用例；而借阅图书用例与归还图书用例必然包含超时处理用例。

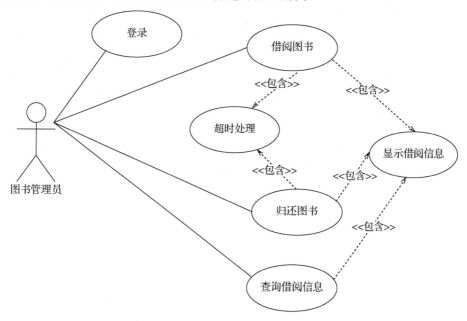

图 8.25　图书管理员用例图

同样，从系统管理员角度来看，对用例实施精化、细化后，维护管理员信息是对浏览管理员信息、添加管理员信息与删除管理员信息的一种泛化。维护图书信息也是对新增图书、删除图书用例的一种泛化。新书入库时，经常会出现这种情况：比较畅销的图书可能出现书名相同的情况，因此在管理软件中需要输入一个标题以区分同名的书，标题可由书名与作者一起构成。因此，在模型中需要添加对图书标题进行管理的用例，这就需要对原用例实施泛化处理，经过处理的详细用例如下：

（1）添加管理员信息；

（2）删除管理员信息；

（3）新增图书；

（4）删除图书；

（5）新增标题；

（6）删除标题；

（7）新增借阅者信息；

（8）删除借阅者信息；

（9）登录系统。

系统管理员用例如图 8.26 所示，将与系统管理员有关的用例图全部列出。大家注意，创建用例模型是一个不断迭代的过程，没必要也很难一次性列出全部的用例模型。

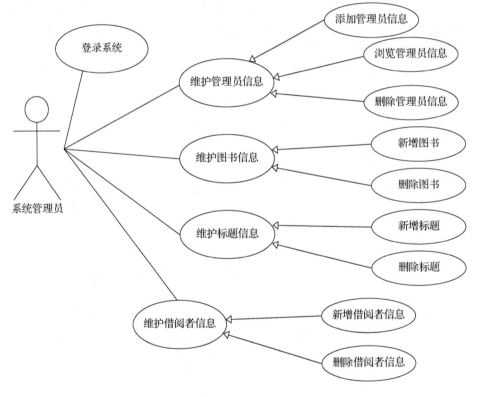

图 8.26　系统管理员用例图

8.5　类图与包图概述

采用面向对象的方法描述系统，可以将复杂的软件简单化，而且便于软件维护。组成面向对象模型的元素有对象、类、类之间的关系等。我们将对象图与类图称为静态视图，主要用来描述软件的结构和静态特征。其中，类图一般用来描述软件中的类及类间静态的关系；而对象主要描述某时刻存在的多个对象与对象间的关系。一个软件模型包含若干个对象图，每一个对象图都可以描述软件在某个时刻的状态。

为了限制软件的复杂度，一般把软件分成更小的模块，以便处理较少的信息。在UML 中，提供了包的机制，采用它可将软件划分为小的模块。在本节中重点介绍类图、包图等内容。

8.5.1　类图

组建模型的基础元素是对象、类。在面向对象技术中，类图处于核心位置。类图是把模型转变成代码的基础，是把代码转变成模型的结果。因此，类图是所有面向对象软件的核心。在面向对象建模中，类图是建模时使用最广泛的 UML 图。

1．概述

类图是描述类、接口及它们之间关系的图，它显示了系统中各个类的静态结构，是一种静态模型。类图是面向对象软件建模中最基本的图，其他图，比如协作图、状态图等都是以其为基础描述软件其他的特性。在类图中，可包含类、接口、依赖关系、泛化关系、实现关系、关联关系等元素。在类图中，还可包含约束、注释、包与子系统等。

简单的类图如图 8.27 所示。通过图 8.27 我们可以对类图有更加直观的了解，并产生引导作用，下面我们将分别介绍类图相关的内容。

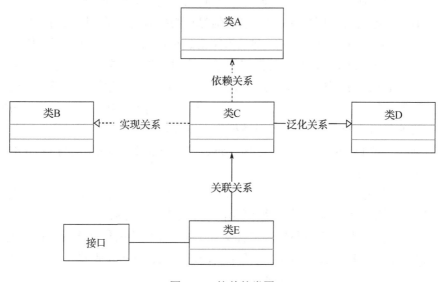

图 8.27　简单的类图

通过分析问题域和用例，可创建软件用到的类，随后再将逻辑上有关的类进行封装，形成包，这样便可更加清晰且直观地展示软件的层次结构。

2. 构造类图模型

通过分析软件的需求规格说明和用例模型，可以对软件的类图模型进行初步构造。而绘制一个完整的类图模型并不是一次成功的，是一个迭代的过程，即需要不断反复地进行。随着软件分析与设计的不断深入，类图将不断得到完善。

软件对象的识别方法是什么？一般而言，可从软件需求描述的名词中发现，比如在图书管理系统的用户需求描述中发现借阅者（Borrower）、图书标题（Title）、图书（Book）及借阅信息（Loan）等名词，起初可以将它们都选定为候选对象，是否真的需要创建类，一般通过核查软件中是否存在与其有关的身份与行为来判定，若存在，那么应为其在类图中创建模型。

我们发现借阅者是有身份的，比如拥有不同的借书证的借阅者是不同的人，并且在软件中，借阅者（Borrower）有借书和还书行为，因此在类图中就要建立一个 Borrower 类。在系统中，图书和图书标题也是不同的。比如，某图书馆采购了若干本《大学生计算机文化基础》，这批书的 Title 是"大学生计算机文化基础"，而 Book 指的是任意一本《大学生计算机文化基础》。因此，标题拥有身份，一般通过 ISBN 号区分，并且图书标题也能够被添加或被删除；同时，图书也是有身份的，完全可以用索引号来唯一地标识某本书，拥有不同索引号的书一般不同名，也有可能同名。在图书馆管理系统中，借阅者借书时，同作者且同名称的书一般借其中一本图书（一本书称为 Book 类的一个对象）就可以了，并且在图书馆中，一般同作者且同名称的书会收藏多本（多本一样的书，其名称称为图书的标题，即定义为 Title 类），因此在定义图书馆管理系统的类图时，不仅需要包含 Book 类，也要包含 Title 类。借阅信息也是拥有身份的，比如同一个借阅者在不同时刻的借阅信息是完全不同的，并且借阅信息也可以被添加或被删除，因此在类图中也需要添加一个 Loan 类以表示与借阅信息相关的事务。目前已经为软件抽象了四个类，其分别是 Borrower 类、Book 类、Title 类与 Loan 类。依据用户需求和用例模型，这些类都属于实体类，全是持久性的，也要访问后台数据库。因此，为了便于访问后台数据库，将抽象出 Persistent 类，其对数据库可以执行查询、读、写操作。因此，在类图中需要增加一个 Persistent 类，并且 Borrower 类、Title 类、Book 类与 Loan 类都要对 Persistent 类进行泛化。

图 8.28 所示为基本的类图模型。当抽象出软件的类后，接下来软件设计人员需要依据用户需求说明和用例模型确定类的操作、属性及类间关系。

用户在使用软件时，必然与软件进行交互，因此需要给软件创建用户接口类。类之间的关系图如图 8.29 所示。依据软件需求的描述和已创建的用例模型，为图书管理系统抽象出下面几个用户接口类，分别是：

（1）登录对话框类 LoginDialog；

（2）主窗体类 MainWindow；

（3）借阅对话框类 BorrowDialog；

（4）还书对话框类 ReturnDialog；

（5）查询对话框类 QueryDialog；

（6）显示对话框类 DisplayDialog。

图 8.29 中描述的类在系统运行时将能够为图书管理员提供工作界面。其中，登录对话框类 LoginDialog 用于系统的用户登录系统；主窗体类 MainWindow 向管理员提供操作界面；借阅对话框类 BorrowDialog 的用途是对借阅事务进行管理；还书对话框类 ReturnDialog 的作用是还书管理；查询对话框类 QueryDialog 的主要作用是检索借阅方面的信息；显示对话框类 DisplayDialog 用于显示借阅信息。

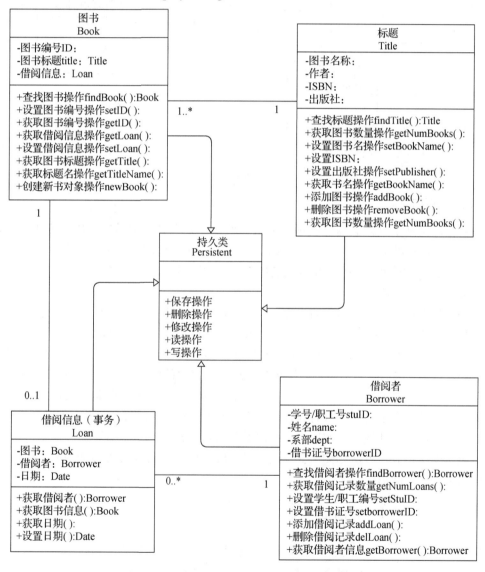

图 8.28　基本的类图模型

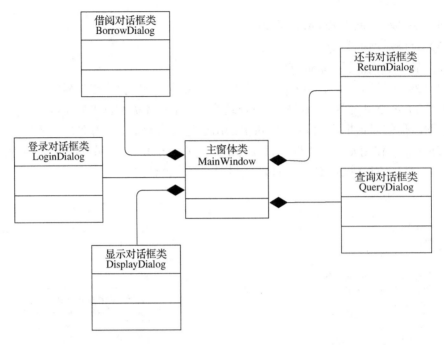

图 8.29　类之间的关系图

3. 接口

若想声明某个具体类需要实现的方法，但由于某个继承关系的原因又不想采用抽象类实现，此时建议使用接口（Interface）。当对软件进行建模时，接口发挥了非常重要的作用，由于模型元素间的交互是通过接口实现的。因此，一个结构优良的软件，一般都定义了规范的接口。

接口是没有具体方法实现的操作，类似于抽象类，其只有抽象方法。因此，可以说接口对对象的行为进行描述，却未给出对象的实现过程与状态。除此之外，接口仅有操作却没有属性，还不包含对外的关联，并且一个类可实现若干个接口。使用接口要比抽象类安全很多，这是因为接口可以避免与多重继承有关的问题。这就是为什么 Java、C# 等面向对象语言只可继承一个抽象类或通用类，却允许一个类实现若干接口的原因。

接口通常定义了若干个只有操作名、参数表和返回类型的抽象操作，可以把接口设想成简单的协议，其规定了实现该接口时必须实现的操作。

通用的接口表示方法如图 8.30 所示，在 UML 图中，可以采用构造型的类描述类，也可采用一个"球形"表示。

（a）构造型表示法　　　　　　（b）球形表示法

图 8.30　通用的接口表示方法

采用类实现接口的另一种表示方法如图 8.31 所示。

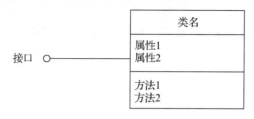

图 8.31　采用类实现接口的另一种表示方法

　　类实现接口的构造型表示法如图 8.32 所示，若采用构造型展示接口，由于接口实现的类同接口属于依赖关系，因此用一头有箭头的虚线来标识该关系。若某个接口通过某个特定类实现，那么采用该接口的类只依赖于该特定接口的操作，而不依赖该接口来实现类的其他部分。

　　若类已实现某接口，却未实现此接口的全部操作，则该类须声明为抽象类。采用接口机制便可以很好地把类需要的行为及如何实现该行为完全分离。

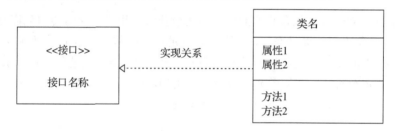

图 8.32　类实现接口的构造型表示法

8.5.2　包图

　　当前，软件变得非常复杂，一个软件有可能包括近百个甚至几百个类。因此，如何管理程序中用到的类成为亟待处理的问题。把类适当分组是比较广泛的管理方式。一般情况是，把功能相同或功能相关的类放在一起，构成多个功能模块。

　　使用 UML 建模时，通常对类实施分组，称为包。大多数的面向对象语言都提供包机制，以避免类之间的命名冲突。比如，Java 的包机制和 C#的命名空间，都是符合这种机制要求的，系统分析员可使用 UML 中的包图为其建模。

　　包图通常可用于查阅包与包之间的依赖性。由于一个包依赖的包发生某些变化，该包也很有可能被破坏，因此维持软件稳定性的一个重要因素是厘清包与包的依赖关系。需要注意的是，可以组织所有的 UML 元素构成包图。

1. 如何理解包图

　　包图是对软件整体结构进行建模的重要工具。当前的软件非常复杂，对于这样的软件实施建模时，一般须包含许多类、接口、节点、组件等元素，因此由于量比较大且类别不同，非常需要对它们实施分组。将语义相近或相同的元素组合到一起，一同加入同一个包内，从而便于软件开发人员理解、处理。包图常用的两种表示方法如图 8.33 所示，使用包图组织 UML 元素（比如类）时，其内容可画在包内，也可画到包外并用线条连接起来。

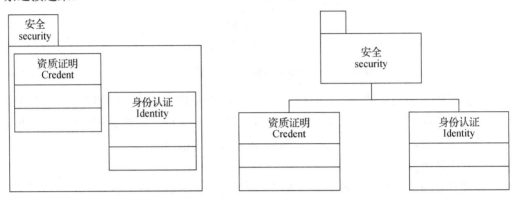

图 8.33　包图常用的两种表示方法

在一个包中完全可以包含其他的包，如在企业级应用中，通常会用到嵌套包；Java与 C#等面向对象语言都提供嵌套包。其内部的元素一般具有 Public 可见性或 Private 可见性。Public 类的元素可被包外的元素访问到，然而 Private 类的元素仅能被包内的元素访问。包图元素的可见性如图 8.34 所示，在 UML 的包图中，可在元素的名称前面添加正号或负号，以标识其是 Public 类还是 Private 类。

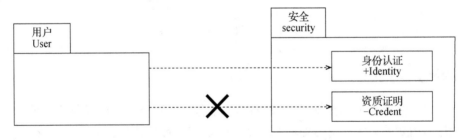

图 8.34　包图元素的可见性

有时候，一个包图中的类经常用到其他包中的类，这样就形成了包与包的依赖性。例如，图 8.35 所示为描述包与包间的依赖关系，若包 A 的元素利用包 B 的元素，那么就称包 A 依赖包 B。

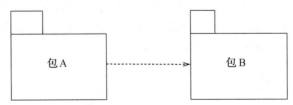

图 8.35　描述包与包间的依赖关系

包与包复杂的依赖关系会影响软件的可靠性，某个包内部元素的修改，很可能会导致依赖它的包被破坏。若包与包的依赖关系是循环依赖的关系，必须想尽办法切断循环依赖。

在面向对象的项目开发中，通常会把图形化的用户界面（GUI）有关的代码放到一起构成 GUI 包，而把与业务相关的内容构成业务逻辑包，并且与数据有关的部分形成数据访问包，这样就组成了面向对象的三层开发结构。

2. 导入包

在某个包里面导入另一个包时，导入包可以使用被导入包中的元素，而不需要用程序代码指定需要哪个包中的元素。当使用某包中存储的类时，若此前未将相关包导入，那么只能通过使用包名加上类名的方式将指定的类引进来。将包 A 导入包 B 中如图 8.36 所示，使用 UML 描述导入关系，通常画一条从包 A 到包 B 的带箭头的虚线，在虚线上添加字符 import，这样就描述了将包 A 导入包 B 的状态。

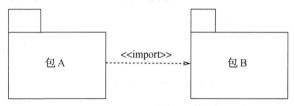

图 8.36　将包 A 导入包 B 中

注意，在导入包时，仅有目标包的公开元素 Public 类是可用的。识别导入包的可用元素如图 8.37 所示，该图表示把 security 包导入 User 包后，在 User 包中可以使用 security 包中的类，不过只能使用其中的 Identity 类。

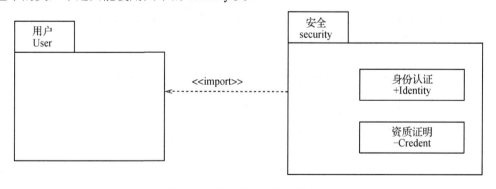

图 8.37　识别导入包的可用元素

通过上面的学习可知包中的元素是具有可见性的，并且导入关系也具有可见性。对导入关系进行细分，可以分为公共导入和私有导入。所谓公共导入即被导入的元素在包里拥有 Public 属性，而私有导入即被导入元素在其导入包里拥有 Private 属性。在标识符方面，公共导入一般使用 import 表示，而私有导入一般使用 access 表示。

当一个包向另一个包导入时，对于其可见性来讲，import 与 access 的效果是完全不同的。拥有 Public 属性的元素在包中拥有 Public 可见性，并且可见性可以传递上去，不过，按照私有导入方式的元素则不会。比如，在图 8.38 所示的导入关系的可见性中，包 B 公共导入包 C 并且私有导入包 D，所以包 B 仍然可利用包 C 与包 D 中的 Public 元素，而当包 A 采用公共导入包 B 时，包 A 仅能发现包 B 的 Public 元素和包 C 的 Public 元素，却无法看到包 D 的 Public 元素。原因是包 A、包 B 与包 C 间采用公共导入，然而包 B 和包 D 间采用私有导入。

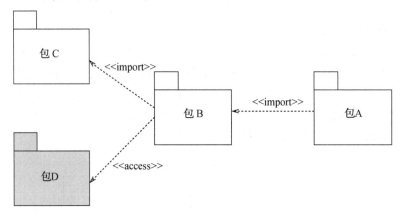

图 8.38　导入关系的可见性

当构造完软件的类图模型后，接下来依照类与类间的关系，可以把图书管理系统的类分成三个包，分别是用户接口类包 UserInterface、公共类包 Library 与数据库类包 DataBase。其中，用户接口类包 UserInterface 由用户的界面类构成；公共类包 Library 由业务处理类组成，分别是 Book 类、Loan 类、Title 类和 Borrower 类等；数据库类包 DataBase 包括与数据库访问相关的类，比如 Persistent 类属于 DataBase。

图 8.39 所示为图书管理系统的包图，从中可以发现 UserInterface 依赖于 Library 与 DataBase，同时 Library 依赖于 DataBase。

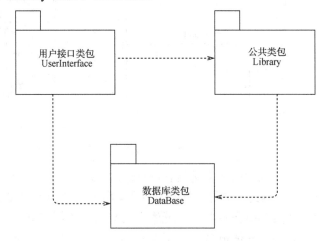

图 8.39　图书管理系统的包图

8.6　顺序图概述

通过上面的学习可以知道，用例图用来表示软件做什么，而类图用来表示构成软件的组件属于哪种类型。我们发现，用例与类的模型图只描述了静态的状况，仍然没法描述软件如何运作。因此，我们介绍一种可以满足这个要求的模型，即交互图。交互图有很多种，本节重点讲顺序图。

作为交互图的关键一员，顺序图用来描述软件运行时各个对象交互的机制。除了顺序图，在 UML 2.0 及以后的版本中，还有常用的两种交互视图，即时序图与通信图。这些图可帮助用户更加准确地为软件各构件间的交互机制进行建模。

在三种交互图中，顺序图应用最为广泛，其描述软件各构件之间的交互顺序。当采用顺序图描绘软件的某用例时，将涉及该用例所需的对象及对象之间的交互信息与次序。也就是说，顺序图重点关注对象之间传输消息的顺序，用来描述用例的行为顺序。当软件执行某个用例行为时，在顺序图中会对应一些消息，包括一个类操作或触发事件。

顺序图是为用例图中的各用例创建逻辑模型的，即任何用例都可以利用顺序图来细化软件的模型。事实上，顺序图将用例的需求，进一步转化为更深层次、更加精细的表达，即一般系统分析员会把用例细化成一个或多个顺序图。虽然系统分析员采用该形式对所有的业务需求进行建模，这种方式是对用户需求最高层次的描述，用于与用户交流更深入的需求，是十分必要的，不过其过于简单，无法完成进一步设计工作。这就需要在该用例上实施更多的分析才可以为软件设计工作提供足够信息。因此，顺序图也可用来推演某个用例将产生哪些路径。

例如，在"借阅信息的查询"时，可以对该用例的顺序图进行模拟推演，以查询出全部借阅相关信息。除了较重要的工作流，借书信息查询用例至少还要包括以下工作流：

（1）输入学生信息后，软件反馈信息不存在；

（2）输入相关信息，展示该学生全部借阅信息。

这两种情况分别需要一个顺序图来描述。

下面我们来具体学习顺序图。顺序图有对象、消息、生命线与激活共四个标记符，即顺序图可以用一个二维图来说明软件中各对象间的交互作用。其中，纵轴为时间轴，沿竖线向下进行延伸；横轴上方表示相互交互的对象。若对象存在，其生命线是一条虚线；当对象被激活时，其生命线变成一个双道线。消息标注在对象之间的箭头上。系统管理员向系统中添加图书的顺序图如图 8.40 所示，在图 8.40 中，箭头是依据时间顺序从上到下排列的。从图 8.40 中很容易可以看出，顺序图可以很清楚地描述按照时间顺序排序的控制流轨迹。

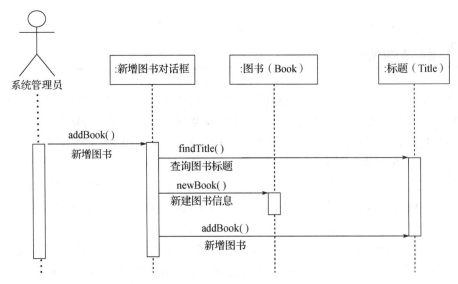

图 8.40　系统管理员向系统中添加图书的顺序图

8.6.1　生命线与对象

通过上面的学习，我们知道在类中定义了对象的各种行为，不过在面向对象软件中，行为的实际执行者不是类而是实例化的对象，所以协作图中一般描述的是对象层次而不是类层次。在顺序图中，每个对象将单独列出。一般将对象放置在交互图的顶部。而对象将在其垂直方向上向下延伸出一条长的虚线，我们称其为生命线。实际上，生命线是该对象的时间线，其从交互图的顶部延续到底部。那么，如何判断生命线的长度呢？其长度完全取决于对象交互的持续时间。

8.6.2　消息

在所有软件中，对象之间通过消息进行通信，因此对象不会孤立存在。消息是被用来描述顺序图中不同对象之间的通信的，所以消息不仅可以激发操作，也可以创建或解构某一个对象。在各个对象之间发送消息时，发送的顺序是由其位置决定的。正如图 8.41所示的对象之间的消息所示，消息 2 在消息 1 发送后才发送。

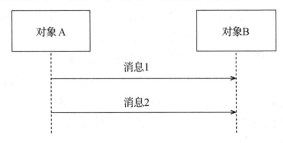

图 8.41　对象之间的消息

参与者也可以应用在顺序图中。事实上,在顺序图中把参与者当作对象可以更好地描述参与者如何与软件进行交互。参与者与系统进行交互的例子如图 8.42 所示,其描述了软件响应用户请求的方式。从图 8.42 中可以看出,参与者可调用对象,而对象可向参与者发消息。

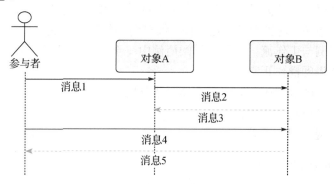

图 8.42 参与者与系统进行交互的例子

通常要在消息中附加约束条件,要求系统在满足某条件后,将消息发出。关于登录阶段的顺序图如图 8.43 所示,将消息发出的条件写到消息上面的方括号中。下面我们以一个实例演示,在附加条件的消息中,看如何对一个登录系统的操作进行建模。当图书管理员输入网址,进入登录对话框,此时系统发送创建对话框 CreateDialog 的消息调出登录对话框。若成功登录,则 Login 对话框将向主窗口对象传送创建窗体的消息,便于进入软件的主界面;若登录失败,则图书管理员可再重新登录一次。

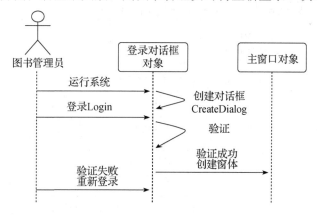

图 8.43 关于登录阶段的顺序图

8.6.3 顺序图的创建

如何创建顺序图的模型呢?其包含了四项任务。
(1)首先需要确定目前具有哪些用例,然后考虑对其进行建模。
(2)厘清每个用例在执行过程中的工作流。

（3）明确各工作流中包含的对象，按照从左到右的顺序布置。

（4）为每一个工作流添加适当的消息与条件。

1. 用例及工作流的确定

如何完成顺序图？要先理清用例。为了完整描述用例，完成顺序图模型，必须为每一个用例建立顺序图。这里为了讨论方便，仅对图书借阅用例建立顺序图，所以我们仅关注图书借阅用例与工作流。在图书借阅用例中，至少包含以下四个工作流。

（1）图书的借阅操作正常。

（2）在图书借阅过程中，该学生有超时借阅的情况。

（3）借书数量已超规定数目。

（4）系统发现借阅证无效。

2. 对象布置和消息添加

图书借阅用例的顺序图如图 8.44 所示，当用例工作流被确定后，接下来按照从左到右的顺序，对全部的参与者与对象进行布置。为了方便讨论，我们只给出图书借阅用例的基本顺序图。由于该用例仅同图书管理员相关，因此在图中仅描绘一个参与者，即图书管理员。明确参与者后，需要将每一个工作流转变成各自的顺序图。在此，我们只讨论最简单的情况，即在图书借书的用例中，借阅者成功从图书管理员处借阅到图书。

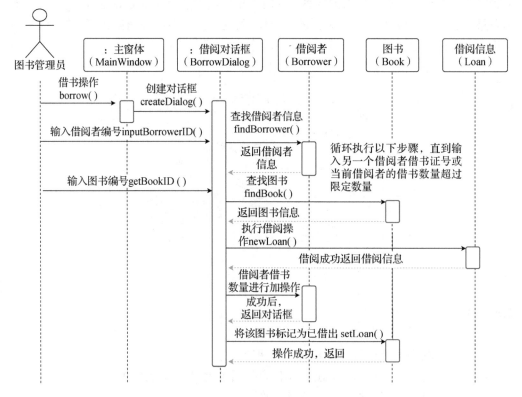

图 8.44　图书借阅用例的顺序图

注意，当初步绘制顺序图时，无关注消息的类型情况，其类型可以在后面分析时确定。当基本的顺序图绘制完成后，接下来将继续建立从属的工作流。当借阅证无效时的顺序图如图 8.45 所示，该图便是对借阅证无效时的用例创建的顺序图。

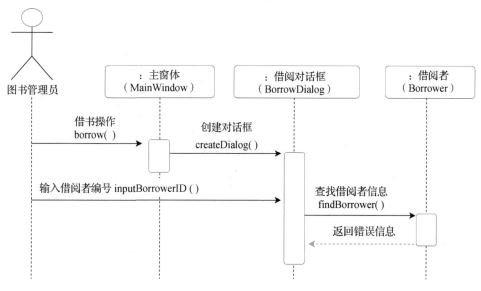

图 8.45　当借阅证无效时的顺序图

图 8.46 所示为借阅图书超过规定数量时的顺序图。

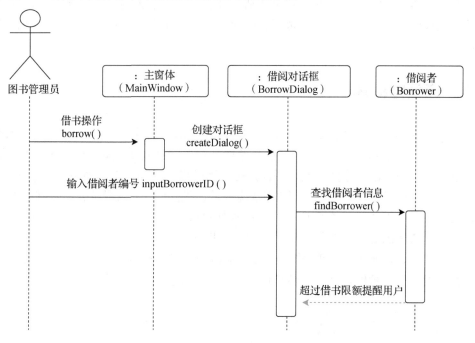

图 8.46　借阅图书超过规定数量时的顺序图

图 8.47 所示为有超时的借阅信息时的工作流顺序图。

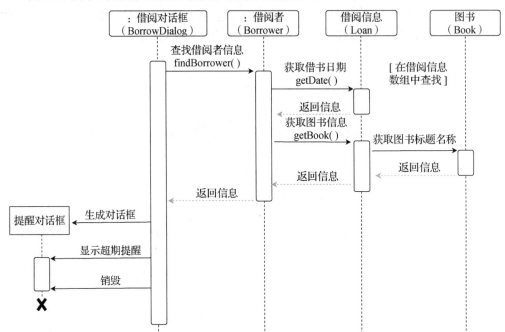

图 8.47　有超时的借阅信息时的工作流顺序图

在该章节中，为了顺序图能够更加清晰地表达，我们没有合并。实际上，各个用例的各工作流的顺序图被绘制完成后，可尝试把各工作流的顺序图合并成一个总的顺序图。

8.7　通信图概述

我们已经知道，顺序图关注特定用例时软件各部分间的交互次序可用来说明软件的动态视图。而通信图则是从另一角度描绘软件对象间的联系，强调相互通信的对象间的交互，也就是说，顺序图与通信图都是可以用于描述软件动态的视图。

通信图主要显示软件对象间通信的消息。从该类图中，可以非常容易看到出现交互时需要联系哪些对象。而在顺序图中，在软件对象之间传递消息表明对象之间存在联系。因此，通信图更关注软件对象之间的交互状态。

从语义上讲，顺序图与通信图是等价的，因此建模人员可先通过一种图建模，随后再将其转变成另一种图，并且在转变过程中一般不会丢失信息。

8.7.1　通信图的组成

通过上面的讨论，我们知道通信图与顺序图可以相互转换。通信图注重描绘哪些对象之间存在消息传递，而顺序图更关注某种特定情况下对象之间交互的时序性，即顺序图侧重于对象之间通信的时间顺序。

1. 对象与角色

在通信图中，需要对系统的交互进行建模。在面向对象技术中，软件的交互是由对象实现全部工作的，所以重点关注的问题是对象之间的交互。在通信图中常用的三种对象如图 8.48 所示，与此对应，在顺序图中一般采用三种对象实例。

图 8.48　在通信图中常用的三种对象

在上面的图中，第一类对象用来表示对象所属类未被指定。该类标记符表明该对象所属的类在模型中是未知的或是不太重要的。第二种对象描述的是被完全限定的对象，其包含了对象名与所属类的名称。该表示方法用来表示专有的、命名的且唯一的实例化对象。第三种对象仅指定类名，却没有指定对象名，它一般描绘类的通用型对象实例名。在通信图中，除了对象还可能显示对象的角色。通信图中存在的对象角色标识方法如图 8.49 所示。

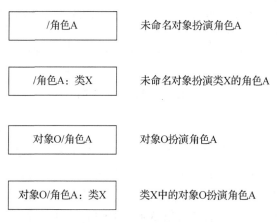

图 8.49　通信图中存在的对象角色标识方法

在第一类方法中，需要显示没有被命名的对象从中扮演的角色；而在第二类方法中，需要显示一个没有命名的对象从中扮演指定的类角色；在第三类方法中，需要显示具体的某个对象扮演的具体角色；在第四类方法中，需要显示某个指定类的对象从中扮演的角色。

在通信图中使用类角色，它主要是用于定义通用对象扮演的角色。注意，一个角色实际上不是独立存在的对象，它用于说明不同的类实例化后的若干对象的类。在使用时，角色名与类名都可省略，不过分号须保留，以与普通类区别开。

2．关联角色

类角色可通过关联角色和其他角色连接。也就是说，关联角色通常用在通信图中描述特定情况下两个类角色间的关联。该类图的关联与通信图的关联角色对应。关联角色的应用举例如图 8.50 所示。

图 8.50　关联角色的应用举例

关于关联角色的导航如图 8.51 所示，关联角色可指示导航，用以指示类角色间交互信息的传递方向。因此，在一个关联中的导航，其表示法是一个开放的箭头。

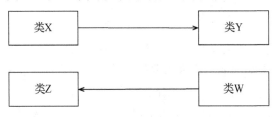

图 8.51　关于关联角色的导航

还可以将多重性附加到关联角色，用来指示某个类的若干对象和另一个类的某个对象关联。关联之间的多重性如图 8.52 所示，这表明一个学生可同时借阅若干本图书。

图 8.52　关联之间的多重性

3．通信连接

在通信图中，连接是用来关联对象的，一般在两个参与者之间用单一线条来表示，其目标是将消息在不同的对象之间传递。若没有连接，两个对象之间就无法交互。

对象之间的连接如图 8.53 所示，它显示了如何采用连接描绘对象之间的关系。当对学生借阅信息进行记录时，借书对象 BorrowDialog 产生一个局部对象 Loan，它接收两个参数，分别是 Borrower 与 Book，便于记录所借阅的图书相关信息。特别指出，对象名要带下画线，类角色名不用带下画线。若一条线把两个对象标号连在了一起，其是一个连接；若连接的是两个类角色，那么该连线是关联角色。

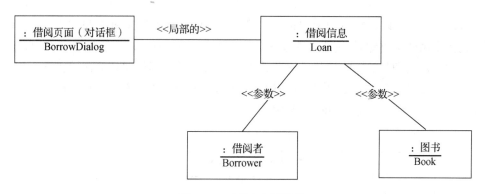

图 8.53　对象之间的连接

4. 消息

关于消息的示例如图 8.54 所示，在通信图上的消息用从发送者连向接收者的箭头表示。

图 8.54　关于消息的示例　　　　图 8.55　对象调用自身消息

同顺序图类似，通信图中的参与者可以给自己发消息。对象调用自身消息如图 8.55 所示，其需要从对象出发到达其本身的连接，以便调用消息。

8.7.2　创建对象

与前面类似，在通信图中，也可以用消息创建对象。对象的实例采用 new 固化类型，而消息采用 create 固化类型，用来明确表明这个对象是在软件运行中创建的。通信图中设立对象的示例如图 8.56 所示，借书对象 BorrowDialog 通过调用显示消息 DisplayMessage 操作来创建 MessageBox 对象。

图 8.56　通信图中设立对象的示例

8.7.3　迭代

对于全部软件和组件来讲，可以说迭代是一类最基本、最关键的控制流类型。在通信图中，迭代是可以比较方便地建模的，用以说明可重复的处理机制与过程。在通信图中，迭代常用两种标记符。实施多对象的迭代如图 8.57 所示，一般用于某个对象向一组其他对象发送消息。接收消息的对象组通常用可重叠矩形框描述。在该类迭代中，星号具有重要意义。如何理解图 8.57 呢？1.*:Message 表示无论对象 Object B 怎么样，Object A 都会传送一个 Message 消息给它。

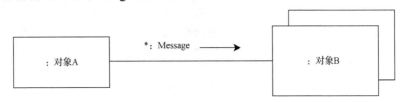

图 8.57　实施多对象的迭代

通过多消息进行迭代如图 8.58 所示，此类迭代标记符用来描述消息从某个对象出发到达另一个对象需要发送多次。

图 8.58　通过多消息进行迭代

正如图 8.58，对象 Object A 把消息 Message 传送给 Object B，共发生 n 次传递。当借阅若干图书时的情况如图 8.59 所示，为确保学生可以一次性借阅若干本图书，那么借书对象 BorrowDialog 须向 Loan 对象与借阅者对象 Borrower 发出多个消息。当借阅者只借阅一本图书时，借书对象 BorrowDialog 会创建一个 Loan 对象，同时给借阅者对象 Borrower 发送修改信息，用来更新借阅者的借阅记录。

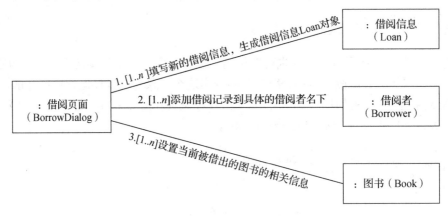

图 8.59　当借阅若干图书时的情况

8.7.4　顺序图和通信图

通过语义分析，顺序图与通信图等价，因此顺序图与通信图之间转换是不损失信息的，只不过其侧重点不同。通常，顺序图更关注对象之间进行消息传递方面时间上的顺序，而通信图更关注描述对象之间的静态联系。因此，对软件建模通信图时，最好的办法是把顺序图转变成通信图。采用借书用例的顺序图样例如图 8.60 所示。

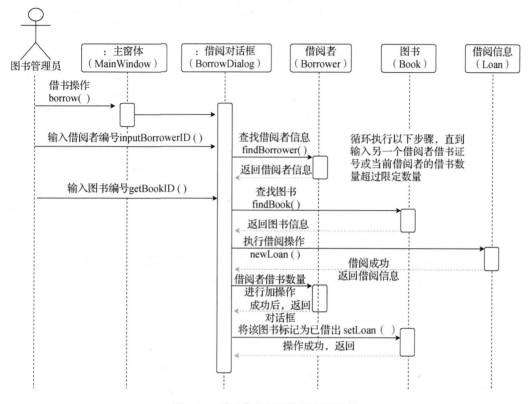

图 8.60　采用借书用例的顺序图样例

首先，把上面顺序图中全部的对象与参与者加入通信图（见图 8.61）。

图 8.61　挑选出通信图的参与者和对象

其次，在对象和参与者之间添加通信链路，使之相互通信，对象和参与者之间添加通信链路后的链接图如图 8.62 所示。

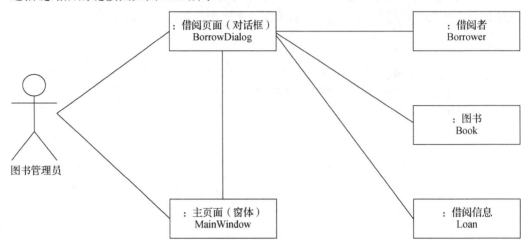

图 8.62　对象和参与者之间添加通信链路后的链接图

最后，借书操作通信图如图 8.63 所示，添加对象和参与者之间的交互消息。添加交互消息时，一般按照顺序从顶部开始依次向下添加。

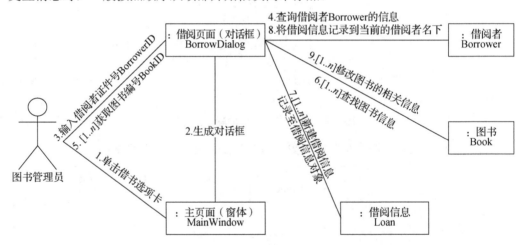

图 8.63　借书操作通信图

通过比较发现，顺序图的对象与通信图中的角色是相对应的，并且在通信图中各对象的协作与顺序图中的消息传递也是一一对应的。因此，我们得出结论：通信图和顺序图仅仅是从不同的视角描述软件交互模型的，而通信图能更好地描述参与者、对象及实时消息通信情况。因此，到底采用何种方式建模，一般依据以下两点进行选择。

（1）若主要描述某特定交互的消息流，建议使用顺序图。

（2）若属于集中处理不同参与者和对象之间的交互，建议使用通信图。

顺序图与通信图是应用最普遍的交互图类型。当前，最普遍使用的交互图是时序图，其主要优点是在交互时间方面增加了相应的约束，它在实时性软件建模中应用非常广，基本思路差不多，大家已经具备了顺序图与通信图的基础，可以轻松自学时序图。

习题8

1．如何区分用例与用例图？
2．试说明用例图中的四个组成部分。
3．请介绍类图中具有哪些元素？
4．请说明类之间的关系有哪几种？
5．按照下面的要求，创建一个类图。
（1）学生是指在校生或毕业生。
（2）对于在校生，可以申请做助教。
（3）要求一名助教只能指导一名学生。
（4）在身份上，教师与教授是不同层次的教工。
（5）一名教师助理可协助一名教师与一名教授，而一名教师仅可以配有一名教师助理，而一名教授却可以配有五名教师助理。
（6）只有毕业生才具有成为教师助理的资格。

第9章 状态图

在面向对象软件分析中，状态图是一种比较常用的工具，通过它可以描绘某个对象在生存期中经历的全部状态，包括各个状态转移及转移条件、执行的活动和原因。什么时候需要画状态图呢？若某个类拥有多个状态与复杂行为之间的转换，就需要画状态图。

9.1 状态图基础知识

当对象发生调用时，状态图用于描述对象的状态变化，当然它还能够描述其他情况。比如，用来说明较复杂的用例状态变化情况。

1．状态机

在 UML 中，使用状态机可以对软件的动态行为建模，一般而言，一个状态机依赖一个类，且用于描绘该类的实例。所以，一个状态机包含某个类的对象在它生存期内的全部状态序列和某对象对其接收的信息或其他事件产生的反馈。

2．状态图中的元素

状态图用来描述某个对象及对象的状态改变情况，因此状态与对象是不可分割的。全部的对象都具有自己的状态。下面用一个例子来说明对象与状态。

（1）客车（对象）已熄火（状态）。

（2）小顾（对象）睡醒了（状态）。

3．状态图

事实上，状态图是由事件、状态、行为、转换构成的状态机，目的是对各对象状态改变情况进行建模。因此，状态图描述了从某一状态到另一状态的控制流，非常适合软件的动态建模。在 UML 动态模型中，除了状态图，常用到序列图、活动图和协作图，一般通过这几种图对软件的动态行为实施建模，不过这四种图具有明显的差别：①协作图与序列图主要对共同实现某些操作的对象集合进行建模；②活动图与状态图主要用来对某个对象（含用例、类或实例化对象）的生存周期进行建模。在状态图中，使用事件描绘对象的生存周期，并标记了引起各个对象状态转换的内部事件与外部事件。

9.2　相关符号

9.2.1　状态标记符

厘清事件和状态之间的关系是画好状态图的关键。通常采用圆角矩形表示状态,状态的名称可以写到状态符号内部,也可以写在状态符号上面。在 UML 中定义两种非常特殊的状态,即初始状态与终止状态。特殊状态和通用状态标记符如图 9.1 所示。我们采用一个全黑的圆表示初始状态,采用在初始态外面加一个圆圈表示终止状态。

状态名可以是由若干数字、字母与某些特殊符号组成的。一个完整的状态图可能具有 0 个或若干个开始状态,也有可能拥有若干个终止状态,在每个状态的上面可以添加动作,用来标识进入状态或离开某状态时要执行的内容。图 9.2 所示为具有动作的状态标记符。

图 9.1　特殊状态和通用状态标记符　　　　图 9.2　具有动作的状态标记符

9.2.2　转移

当某个对象在当前状态下执行一些动作后,导致该对象向另一个状态转换时,我们称这一过程为"转移被激活"。转移之前的状态称作源状态,转移之后的状态,称作目标状态。转移又分为外部转移、自转移和内部转移。

1. 外部转移

在 UML 中,使用箭头作为转移的标记符。其中,不带箭头的一端连接源状态,带箭头的一端连接目标状态,箭头指向当前的目标状态。图 9.3 所示为状态转移的例子。

在图 9.3 中,初始状态作为开始状态,并且由初始状态向状态 State1 转变,接下来,从状态 State1 向状态 State2 转变,最终向终止状态转变。图 9.4 所示为使用计算机工作的状态图。

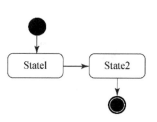

图 9.3　状态转移的例子

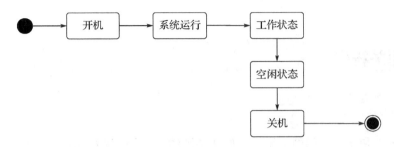

图 9.4　使用计算机工作的状态图

◉2．外部转移条件

状态图中转移的语法格式如下。

转移名称：事件名称　参数表　条件/行为列表

源状态要到达目标状态，需要满足各种条件，其中包括事件、守卫条件和动作。

（1）事件：当初始态的对象接收到触发条件时，在满足守卫条件的情况下，其转移即被激活。

（2）守卫条件：将表示条件的布尔表达式写入方括号中，并把它放到事件后面，这就构成了守卫条件，仅当转移条件被触发后对守卫条件进行计算。因此，当守卫条件不一样时，可以从拥有同一个事件的状态转换到不一样的目标状态。状态转移时，其守卫条件仅在事件发生时执行一次计算。若事件与守卫条件同时使用，则只有事件发生且守卫条件也成立时，才发生状态转移；若仅有守卫条件，那么只要守卫条件取真值，其状态就能产生转移。

（3）动作：可操作调用其他对象的创建、撤销，或者向某个对象发送信号。

图 9.5 所示为在线银行业务软件登录阶段的状态图，状态转移时采用了事件、守卫条件。其中包含"进入用户登录页面状态""用户名输入状态""密码输入状态""核验状态""拒绝登录状态"。

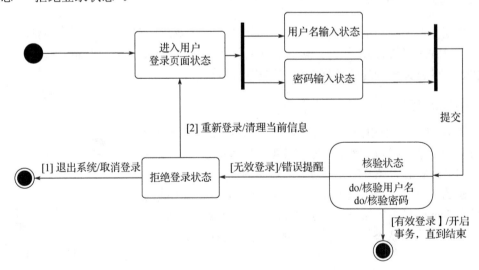

图 9.5　在线银行业务软件登录阶段的状态图

3. 自转移

特殊的状态转移-自转移如图 9.6 所示，描述了这么一种现象：当某对象收到一个事件后，其并不改变该对象的状态，却能够导致当前状态中断，使当前的全部活动被打断，导致对象退出当前状态，接着返回原状态。在自转移中，使用弯曲的箭头指向本身。

当自转移机制发生时，开始需要把当前状态的动作中止，接下来执行当前状态的下一步动作，最后执行转移事件引起的动作。在图 9.6 中，先执行动作 ChangeInfo( )，接下来返回当前状态，继续执行当前状态的其他操作。

4. 内部转移

建模时，存在这么一种现象：在不离开当前状态时执行一些操作。比如，在图书管理系统中，系统管理员有时需要对用户信息实施查询，并且可以对某些用户信息进行修改，而此时却未离开用户信息查询列表状态。我们称该情况为内部转移。图 9.7 所示为内部转移的运行机制。在内部转移中，仅有源状态却没有目标状态，内部转移产生的结果不改变当前的状态。

ChangeInfo( )
状态
重启/执行其他动作

图 9.6　特殊的状态转移-自转移

可以看出，内部转移与自转移有个非常大的差别，那就是内部转移不会触发入口动作和出口动作，而自转移会。

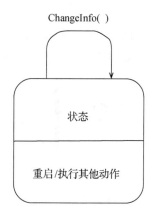

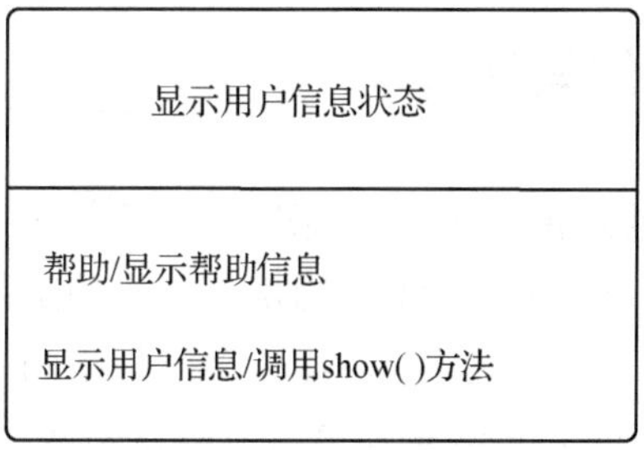

显示用户信息状态
帮助/显示帮助信息
显示用户信息/调用show( )方法

图 9.7　内部转移的运行机制

9.2.3　决策点

有时候，当前状态到下一个状态，可能产生几种不同的状态。因此，需要设置一个判断机制以便表示具有决策机制的状态图。图 9.8 所示为带有决策点的状态转移图。决策点的标记符采用一个空心菱形表示。在图 9.8 中，我们可以看到四个不同的状态，从状态 1 出发能够到达其他三个状态。采用决策点标记符可以明显地减少混乱。

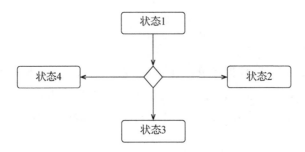

图 9.8　带有决策点的状态转移图

9.2.4　同步

图 9.9 所示为具有同步机制的状态图。并发转移中一般存在若干源状态与目标状态，因此需要使用同步条描绘多个并发转移的情况。我们用一条黑色的粗线表示同步条。

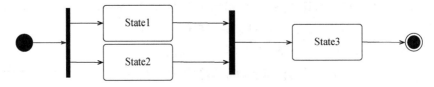

图 9.9　具有同步机制的状态图

我们来分析一下图 9.9。首先在初始状态就把控制流分成两个同步；然后分别转向 State1 与 State2，只有当两个控制流同时到达下一个相同的同步条时，两个控制流才合成为一个控制流，并进入 State3；最终该控制流完成，进入终止状态。

9.3　状态图中的动作与事件

对象之间的交互是通过互相传送消息实现的。某个事件的产生可触发相关状态的转移。事件可以分为内部事件和外部事件。内部事件指的是在软件内部对象间进行传送的事件。比如，异常便是一个内部的事件，而外部事件指的是在软件与参与者之间进行传送的事件。比如，在指定的列表中输入信息便是外部事件。图 9.10 所示为带有事件的状态图。

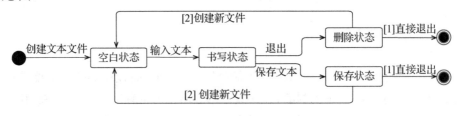

图 9.10　带有事件的状态图

9.4　组成状态

除了上面的简单状态，一些子状态可以进一步划分状态，称作组成状态。在较复杂的应用环境中，当某状态图处在另一种状态时，当前状态图描绘的对象行为，可以采用另一种状态图进行详细描述，此时称之为子状态。子状态又分为顺序子状态和并发子状态。

9.4.1　顺序子状态

什么是顺序子状态呢？若状态图中的多个子状态相互之间是互斥的，无法同时存在，我们称该子状态为顺序子状态。需要指出的是，在顺序子状态中，至多存在一个初始状态与一个终止状态。顺序子状态如图 9.11 所示，该图展示了人们使用公用电话时的状态。

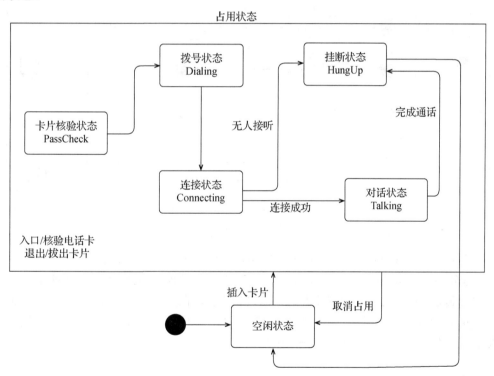

图 9.11　顺序子状态

在图 9.11 中存在两个基本状态，分别是空闲状态与占用状态。其中，占用状态和空闲状态无法同时存在，因此占用状态和空闲状态都是顺序子状态。因为当我们使用公用电话时，第一步需要向插槽插入 IC 卡，系统需要对卡的有效性进行验证，当验证通过时才可以使用电话。接下来执行检验电话卡，并转到卡片核验状态，随后为了开展工作转到拨号状态。若拨号没有错误，则转到连接状态，若对方接听，将转入对话状态，等通话完成后则进入挂断状态；若对方未接听，则进入挂断状态。

9.4.2 并发子状态

在组成状态中，存在两个或多个同时执行的状态，我们称之为并发子状态。并发子状态表示许多事在同一时刻发生，为了便于对不同的活动实施分离，将组成状态的状态图分解为若干区域，在不同区域中描述不同的状态，并且在同一时刻，每个状态图可以分别运行。并发子状态举例如图 9.12 所示。若某个子状态比其他的子状态先一步到达终止状态，先到的子状态的控制流将在其终止状态等待，等到全部子状态都到达终止状态时，全部控制流将汇合成一个总的控制流，并转到下一个状态。

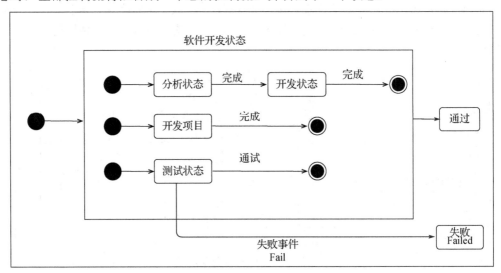

图 9.12　并发子状态举例

从图 9.12 可以知道，该子状态图中存在三个并发子状态。在同一时刻，三个并发子状态分别依据事件和条件进行转移。当这三个并发子状态都到达终止状态时，三个并发控制流将汇合成同一个控制流并进入通过状态；若在子状态（测试状态）中激活了失败的事件，其他两个子状态会全部终止，接着这些并发子状态执行其出口动作，随后将执行由失败事件触发的动作，便进入失败状态。

9.4.3 子状态机的引用状态

子状态机的引用状态即为了激活某个子状态时而使用的状态。可以选择某个子状态图的任一子状态进入子状态图，类似地，也可以从子状态图的任意子状态退出当前的子状态图。若子状态图并不是经过初始状态进入状态图，也不是经过终止状态退出子状态的，此时可采用桩状态实现，而桩状态可分成入口桩与出口桩，分别是子状态图中的非默认入口和出口。

购物状态图如图 9.13 所示，该图描述了一个引用子状态的状态图。其描述了某顾客在网络购物时采用银行账户进行结账的步骤。软件必须核实银行账户的有效性。因为银行账户的有效性需要提前进行确认，这也是其他的状态图要求的，因此其使用一个较独立的状态图进行描述。

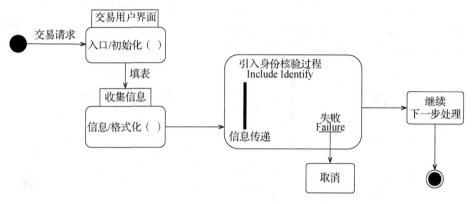

图 9.13　购物状态图

分析图 9.13 可知，使用 Include Identify 时，便引用了子状态身份核验，因此此时的入口桩是验证状态，出口桩是失败。图 9.13 描述了在网络购物中的状态图，而对输入信息的核实与确认过程是由子状态图描述的。图 9.14 是子状态身份核验的详细流程。

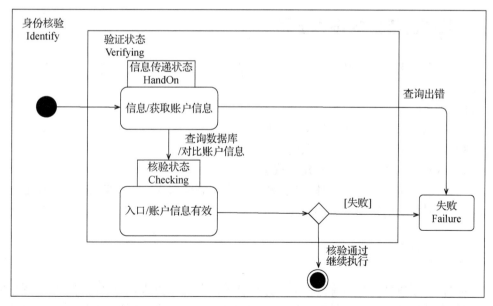

图 9.14　子状态身份核验的详细流程

在图 9.14 所示的子状态图中，可以看出它的用途是核实银行账户的有效性。若检测结果是准确的，那么其子状态图在终止状态时终结；相反，将转换成状态失败。

9.4.4　同步状态

同步状态把两个并发区域中的特殊状态连接起来。带有同步状态的状态图如图 9.15 所示，该图对同步状态进行了说明。在 UML 中，同步状态下需要使用同步条。同步状态类似缓冲区，将其中某个域的分叉连接到另一个域的汇合上，其中同步状态一般采用小圆圈表示，在圆圈里面使用一个整数或一个*来表示它的上界。

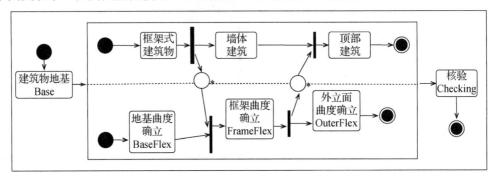

图 9.15　带有同步状态的状态图

图 9.15 展示了采用同步状态的状态图，因为在分叉与汇合时，须有一个输入与输出状态，所以在同步状态下，在任意一个并发区域内，信息流的顺序是不会改变的。

9.5　状态图模型的创建步骤

本节将在前面章节的基础上，进一步建模图书管理系统的状态图。可以分四个步骤实现状态图的建模：

（1）将需要建模的对象标识出来；

（2）把每个对象的开始与结束状态标识出来；

（3）核实与每一个对象相关联的事件；

（4）从开始的状态出发逐步建立状态图。

上面的步骤中涉及若干实体，需要注意一个状态图仅表示一个实体。在执行上述的步骤时，需对涉及的实体进行遍历执行。

9.5.1　状态图分析

首先，将须建模的实体确定下来，并将有关对象标识出来。一般而言，状态图主要用于较复杂的实体，而对于具有复杂行为的实体而言，适合使用活动图。比如，对于图书对象而言，如何对状态进行分析呢？首先，在图书管理系统中将图书对象添加进来，当对图书对象进行借阅时，对其进行实例化。若要想确定某个实体的最终状态，就需要清楚实体在什么时候退出系统，比如在软件中，图书对象被删除后，就退出了系统。

最终实现实体的功能是通过事件进行的。因此，确定实体事件首先需要找出其需要完成哪些任务。对于图书对象而言，它的任务包括图书借阅与图书归还。因此，图书对象对应的事件有借书事件与还书事件。

9.5.2　状态图的实现

参考图 9.16 所示的图书对象的状态图，使用状态图描绘图书对象的各种状态，以及触发各状态变化的事件。

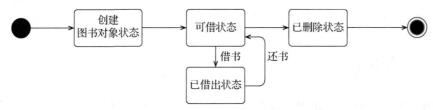

图 9.16　图书对象的状态图

在图 9.16 所示的例子中，图书对象可以用于描绘该书是否处于可借状态。若发生借书事件，图书对象从可借状态向已借出状态转变；若发生还书事件，图书对象又从已借出状态向可借状态转换。

由于图书对象拥有的状态不多，对上面的状态图进行检查，发现其非常清晰，无须进一步建模。因此，图书对象的状态图便建模完毕。

习题9

1．简单说明什么是状态机。

2．简单说明状态机图的用途。

3．对下面的系统使用状态机图进行建模。目前，有个销售软件，给对象 Sale 类建立一个状态图，用以完成接收订单、处理订单、登记货存清单，以及完成清单审核和提交操作。此处给出如下的几个状态：

（1）空订单 EmptyOrder；

（2）有效订单 ValidOrder；

（3）在处理订单 Processing；

（4）已处理订单 Processed；

（5）取消的订单 Canceled。

根据状态图的创建步骤，采用上面的状态构成完整的状态图。

第10章 高校图书管理系统的分析与设计

采用传统的结构化分析方法存在效率低、软件质量不高的问题，本章将以一个完整的应用软件为实例，介绍将 UML 应用于面向对象系统的分析与设计过程，事实证明，采用 UML 不仅加速了开发过程，还提高了代码的质量，以及时回应和支持随时可能变化的业务需求。

10.1 系统需求

软件开发的目标是满足用户的需求，因此为了达到该目标，软件开发人员须充分了解用户对应用软件的需求。不管是开发大型的商业性软件，还是开发小型的应用软件，首先需要做的是明确软件需求，即软件的功能需求、性能需求和约束条件等。

软件的功能需求主要描述软件应该做什么，用户期望软件可以做什么。在 UML 中，一般采用用例图描述软件的功能。所有的高校都有图书馆，因此图书管理系统是每个同学都熟悉的软件，下面我们一起来看一下高校图书管理系统的需求有哪些？

每个高校图书馆都需要一套图书管理系统。在该系统中，大学生、教师须注册一个账号，系统将为用户生成借阅证信息，该借阅证可以打印出来或将信息导入一卡通。在该证件上有借阅证号、姓名与系别。拥有有效借阅证的用户具有图书借阅、图书归还与查询借阅信息的权限，为了降低系统复杂度，我们在此假设图书馆没有自助借书设备，所有借阅者借书时，都是由图书管理员与系统进行交互，在借书时，借阅者在图书馆中需要先找到想借的书，接下来拿着想借的书走到服务台，并把借阅证与书提供给图书管理员，以便完成借书手续。当图书管理员执行借书操作时，第一步向系统中输入借阅者的借阅证号（注意，也可以通过扫描条形码的方式输入），系统将验证信息的有效性，到数据库中查询当前的借阅证号是否具有对应的证件信息。如果当前证件信息在有效期内，那么系统还要继续检查该借阅者的借阅信息，从而查验当前借阅者是否存在超时未还的情况；若该证件信息通过验证，那么系统将显示借阅者的相关信息，从而提示管理员继续输入相关图书的信息，输入信息后，系统将生成一个借书记录，同时更新该借阅者的证件信息，从而完成借书操作。

当借阅者准备还书时，仅需把准备还掉的书带给图书管理员，图书管理员需要向系统输入图书信息或扫码输入信息，接着由系统核验该书是否是该图书馆的图书，如果属于该图书馆，则先删除本书的借阅信息，并对该借阅者的账户进行更新。还书时，系统也需要查验该借阅者是否存在超时未还的图书。同时，借阅者也能够查询本人的借阅记录。

为了软件的安全和稳定运行，软件需要由系统管理员实施定期或不定期维护。

经过全面分析，我们得到以下的功能需求：

（1）借阅者具有借阅证件；

（2）借书的具体操作由图书管理员实施，完成查询借阅信息、图书借阅、归还图书的操作；

（3）系统的维护工作由系统管理员实施。其主要完成如下操作：添加管理员信息、浏览管理员信息、删除管理员信息、添加图书信息、删除图书信息、添加标题信息、删除标题信息、添加借阅者信息、删除借阅者信息。

10.2　系统需求分析

通常，我们使用用例驱动的软件分析方法来分析用户需求，识别软件的参与者与用例，并且创建用例模型。

在该系统中，注意区分"标题"与"书"是两个不同的概念。在图书馆中可能有若干本书具有同一个名字（这也很正常），为了便于区分每一本书，须为每一本书进行编号。我们假定书的标题使用书名、作者、出版社名称与 ISBN 号标识，并且对每一本书通过指定唯一的编号进行标识。因此，书的标题采用 Title 类标识，而具体的书采用 Book 类标识。

10.2.1　如何识别参与者与用例

通过对系统进行分析，能够确定系统有两个参与者：系统管理员与图书管理员。这两个主要的参与者完成哪些事呢？

（1）系统管理员，在该系统中用英文单词 Administrator 表示。系统管理员具有软件的所有权限，不过通常情况下系统管理员不会做图书管理员的工作事务。该角色主要做的是后台管理。比如，为借阅者添加账户、删除账户，添加、删除图书信息；添加图书标题、删除标题。此外，其还可以对管理员账户进行添加或删除。

（2）图书管理员，在该系统中用英文单词 Librarian 表示。图书管理员完成为借阅者代理查询借阅信息、借书与还书的操作。

通常，当识别出参与者后，以参与者的眼光与角度看问题，便可以较容易地找到用例，接下来对用例进行细化处理，最终绘制出用例模型。如何绘制图书管理员的用例图呢？图 10.1 所示为图书管理员的用例图。在此对该图进行说明。

（1）登录用例（Login）。完成图书管理员的登录，并且验证用户身份，以确保系统的安全。

（2）修改密码用例（ModifyPassword）：当图书管理员登录系统后，通过调用这个用例实现修改密码功能。

（3）借书用例（BorrowBook）：实现对图书的借阅处理。

（4）还书用例（ReturnBook）：实现对图书的归还处理。

（5）处理超时用例（ProcessOvertime）：用于核查借阅者是否存在图书超时未还的情况。

（6）显示借阅信息用例（DisplayLoanInfo）：用来表示借阅者的全部借阅信息。

（7）查询借阅信息用例（QueryLoanInfo）：实现查找借阅者的功能。

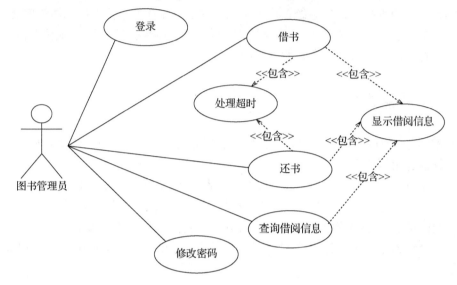

图 10.1　图书管理员的用例图

系统管理员维护软件的用例图如图 10.2 所示。

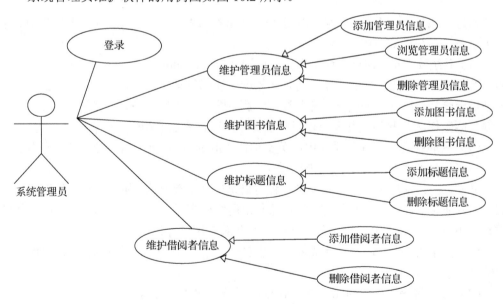

图 10.2　系统管理员维护软件的用例图

对图 10.2 所示的用例图进行说明。

（1）登录用例（Login）：实现对管理员的身份验证。

（2）维护管理员信息用例（MaintenanceManagerInfo）：实现对管理员有关信息的维护，主要用来进行添加管理员信息（AddManagerInfo）与删除管理员信息（DeleteManagerInfo）等操作。

（3）维护图书信息用例（MaintenanceBookInfo）：实现对图书信息的维护，包括添加图书信息（AddBook）与删除图书信息（DeleteBook）。

（4）维护标题信息用例（MaintenanceTitleInfo）：用于完成对图书标题的维护。同样，对图书标题的维护包括添加标题信息（AddTitle）和删除标题信息（DeleteTitle）。

（5）维护借阅者信息用例（MaintenanceBorrowerInfo）：用来实现对借阅者相关信息的维护，包括添加借阅者信息（AddBorrowerInfo）、删除借阅者信息（DeleteBorrowerInfo）。

10.2.2 用例描述

为了更清晰地描绘每个用例，一般采用详细描述用例的方法。描述用例，可以依据用例的事件流进行，也就是说，用例的事件流实际上是对实现该用例行为需完成事件的描述。因此，事件流实际上描述了软件应该做什么，而并未描述软件应该如何做。关于借书用例的描述如表 10.1 所示，以借书用例举例，实现对高校图书管理系统的描述。

表 10.1 关于借书用例的描述

用 例 名 称	借书用例（BorrowBook）
标识符	UCHZ000A
用例描述	图书管理员代理借阅者办理借阅手续
参与者	图书管理员（图书馆服务台工作人员）
前置条件	图书管理员已登录
后置条件	若该用例成功执行，将在系统中创建借阅记录并存储在数据库中
基本流程	1. 图书管理员向系统输入借阅者的借阅证件信息； 2. 系统核验该借阅证件信息的有效性； 3. 图书管理员把图书信息输入系统中； 4. 系统向数据库中增加借阅记录； 5. 显示当前最新的借阅信息
可选流程	1. 当前的借阅者存在超时未还的借阅记录，转向超时处理； 2. 借阅者图书借阅总量超过规定的数量，该用例终止，系统拒绝本次借阅； 3. 若借阅证件（借阅者身份）不合法，该用例终止，并且由图书管理员现场确认

表 10.2 所示为关于还书用例的描述。

表 10.2　关于还书用例的描述

用 例 名 称	还书用例（ReturnBook）
标识符	UCHZ000B
用例描述	图书管理员为借阅者办理还书手续，完成还书操作
参与者	图书管理员
前置条件	图书管理员登录账户，进入软件操作界面
后置条件	若该用例执行成功，将删除已借阅的记录
基本流程	1. 图书管理员扫描归还的图书或输入该次归还的图书信息； 2. 系统核验该图书是否是本馆藏书； 3. 还书成功后，系统自动将该书的借阅记录删除
可选流程	1. 若该借阅者存在超时未还的借阅信息，转向超时处理； 2. 若归还的图书不是本馆藏书，该用例终止，需要图书管理员现场确认

表 10.3 所示为关于查询借阅信息用例的描述。

表 10.3　关于查询借阅信息用例的描述

用 例 名 称	查询借阅信息用例（QueryLoanInfo）
标识符号	UCHZ000C
用例描述	查询当前正在借书的借阅者未归还的图书的信息
参与者	图书管理员
前置条件	图书管理员已登录系统，进入操作界面
后置条件	若该用例执行成功，则全部的借阅信息将显示出来
基本流程	1. 图书管理员向系统输入借阅者的借阅证件信息； 2. 系统依据借阅证件信息查询借阅者的相关信息； 3. 系统调用借阅信息显示用例，列出当前借阅者已借阅的图书记录
可选流程	若当前的借阅者证件无效，或者系统中查找不到，用例终止，结束执行

表 10.4 所示为关于显示借阅信息用例的描述。

表 10.4　关于显示借阅信息用例的描述

用 例 名 称	显示借阅信息用例（DisplayLoanInfo）
标识符	UCHZ000D
用例描述	将当前借阅者已借阅的全部图书列出
参与者	无（系统自动调用）
前置条件	将有效的借阅者找出
后置条件	把当前借阅者借阅的全部图书信息列出来
基本流程	1. 依据借阅者的借阅证号查询借阅信息； 2. 在系统反馈的借阅记录中单击相应记录，找到相关图书的信息； 3. 依据图书信息，把相应的图书标题显示出来
可选流程	没有
被包含的用例	UCHZ000A、UCHZ000B、UCHZ000C

表 10.5 所示为关于超时未还处理用例的相关描述。

表 10.5　关于超时未还处理用例的相关描述

用 例 名 称	超时未还处理用例（ProcessOvertime）
标识符	UCHZ000E
用例描述	核验某借阅者是否存在图书超时未还的情况
参与者	无
前置条件	当前是有效的借阅者
后置条件	把当前借阅者借阅的全部图书信息列出来
基本流程	1．依据借阅者的有效信息查询其借阅信息 2．系统核验借阅记录，并给出是否超时的提醒
可选流程	若发生超时未还的情况，通知图书管理员，做好催促提醒工作
被包含的用例	UCHZ000A、UCHZ000B、UCHZ000C

表 10.6 所示为关于修改密码用例的描述。

表 10.6　关于修改密码用例的描述

用 例 名 称	修改密码用例（ModifyPassword）
标识符	UCHZ000F
用例描述	图书管理员对自己的密码进行修改
参与者	图书管理员
前置条件	图书管理员已登录系统，进入密码修改界面
后置条件	图书管理员的密码修改完成
基本流程	1．向系统输入旧的密码； 2．对输入的密码进行验证，验证是否当前用户在使用的密码； 3．向系统输入新设置的密码； 4．系统反馈成功修改密码
可选流程	若输入的旧密码与实际的旧密码不同，该用例终止

表 10.7 所示为关于新增借阅者用例的描述。

表 10.7　关于新增借阅者用例的描述

用 例 名 称	新增借阅者用例（AddBorrower）
标识符	UCHZ000G
用例描述	在系统中新增借阅者
参与者	系统管理员
前置条件	系统管理员已登录系统并进入操作界面
后置条件	在系统中注册一个借阅者
基本流程	1．向系统输入有关借阅者信息，包括姓名、学号或工号、系部等； 2．提交信息到数据库中存储起来
可选流程	若系统中已存在该用户账号，终止用例

表 10.8 所示为关于删除借阅者用例的描述。

表 10.8　关于删除借阅者用例的描述

用 例 名 称	删除借阅者用例（DeleteBorrower）
标识符	UCHZ000H
用例描述	系统管理员删除有关的借阅者记录
参与者	系统管理员
前置条件	系统管理员已进入操作界面
后置条件	在系统中删除一条借阅者记录
基本流程	1. 将借阅者的相关信息输入系统； 2. 单击查找，系统检索该借阅者是否存在图书未归还的情况； 3. 从系统中删除该借阅者记录
可选流程	若该借阅者存在未还图书，系统提醒管理员，终止该用例

表 10.9 所示为关于登录用例的相关描述。

表 10.9　关于登录用例的相关描述

用 例 名 称	登录用例（Login）
标识符	UCHZ000I
用例描述	登录系统
参与者	系统管理员、图书管理员
前置条件	无
后置条件	完成登录
基本流程	1. 系统提醒用户，请输入用户名、密码； 2. 用户将自己的用户名、密码输入系统； 3. 系统验证用户名、密码，如果账号正确，登录成功
可选流程	1. 若用户输入的账号是无效的，系统将显示错误提醒，提示用户重新输入正确的用户名、密码； 2. 若取消登录，系统将终止执行该用例

由于描述其他的用例的方法与以上的过程类似，此处不再一一列出。

10.3　静态的结构模型

采用面向对象技术进行软件分析的基本任务是：进一步对软件需求进行分析，从而找出类与类的关系，明确它们的静态属性与动态操作，在 UML 中，对软件进行静态建模时，主要采用类图与对象图进行描述。

10.3.1　定义系统中的对象和类

当对软件的需求定义清楚后，接下来就要识别出软件中可能存在的对象。如何识别软件对象呢？一般在用户需求的描述及软件的问题域描述中找到相关名词。在图书管理系统中可以确定的主要对象包括借阅者 Borrower、图书标题 Title、图书 Book、借阅记录 Loan、管理员类 Manager。

1. 借阅者 Borrower

借阅者 Borrower 用来描述借阅者信息（本系统的借阅者是学生或教师）。因此，借阅者信息应该包含编号、姓名、系别等。该类表示学生或老师在该系统中具有一个账户。

该类的私有属性包括以下几点。

（1）编号（ID），学生学号或教师工号。

（2）姓名（Name），学生或教师的姓名。

（3）系别（Dept），学生的院系或教师所属系部。

（4）借阅证编号（BorrowerID）。

（5）借阅记录（Loans[]），存储某用户的全部借阅记录。

该类涉及的公共操作包括以下几点。

（1）新建借阅者对象方法 newBorrower( )：通过该方法创建一个新的 Borrower 对象。

（2）查找借阅者信息方法 findBorrower( )：根据给定的借阅证编号，返回适合的 Borrower 对象。

（3）添加借阅记录方法 addLoan( )：向系统添加借阅记录。

（4）删除借阅记录的方法 delLoan( )：删除需要删除的借阅记录。

（5）返回当前用户借阅记录的数量方法 getLoanNum( )：查询给定的借阅者信息，返回当前借阅者借阅图书的条目数。

（6）获得借阅者信息的方法 getBorrower( )：根据指定的学号或教工号，返回指定的借阅者 Borrower 对象。

（7）检查超时未还的图书标题的方法 checkDate( )：根据图书标题，返回超时未还的图书标题。

（8）获得标题信息的方法 getTitleInfo( )：依据条件，返回图书标题 Title 对象有关的数据。

此外，我们还要创建一些设置或获取相关对象属性值的方法。

（1）设置姓名方法 setName( )；

（2）获取姓名方法 getName( )；

（3）设置系部方法 setDept( )；

（4）获取系部方法 getDept( )；

（5）设置学生学号或教师工号方法 setID( )；

（6）获取学生学号或教师工号方法 getID( )；

（7）设置借阅者的借阅编号方法 setBorrowerID( )；

（8）获取借阅者的借阅编号方法 getBorrowerID( )。

● 2．图书标题 Title

在高校图书馆中，几乎每一种类都采购了若干本具体的图书。图书标题 Title 可以对图书的标题种类进行描述。因此，在图书标题类 Title 中封装了图书名称、作者姓名、出版社及图书的 ISBN 号等相关信息。

图书标题类的私有属性包含以下几点。

（1）书名（BookName），表示图书的名称。

（2）作者（Author），表示作者姓名。

（3）出版社名称（Publisher），表示出版社名称。

（4）图书编号（ISBN），表示图书的 ISBN 号。

（5）图书信息（Books），表示该类图书信息。

图书标题类的公共操作方法包含以下几点。

（1）新建图书标题方法 newTitle( )：创建图书标题类 Title 的对象。

（2）查找图书标题方法 findTitle( )：根据 ISBN 号返回对应的 Title 对象。

（3）新增某类图书方法 AddBook( )：新增某类图书。

（4）删除图书方法 removeBook( )：对某类图书中的某本图书进行删除。

（5）获取某类图书的数量方法 getNumBooks( )：返回该种类图书的数量。

设置或获取图书标题类 Title 的对象属性时需要一系列公共方法的支持，主要方法如下。

（1）设置图书名字：setBookName( )；

（2）获取图书名字：getBookName( )；

（3）设置出版社名称：setPublisher( )；

（4）获取出版社名称：getPublisher( )；

（5）设置图书的 ISBN 号：setISBN( )；

（6）获取图书的 ISBN 号：getISBN( )；

（7）设置作者姓名：setAuthor( )；

（8）获取作者姓名：getAuthor( )。

● 3．图书 Book

我们用图书 Book 表示图书馆的藏书。图书 Book 对象拥有两种状态，分别是"借出"与"未借出"，并且任意一个图书 Book 对象都与一个图书标题 Title 对象相对应。其私有属性如下。

（1）图书编号 ID：用于表示图书的编号；

（2）图书标题 Title：用于表示图书的名称；

（3）图书状态 Loan：用其标识该图书是否借出或归还。

图书 Book 涉及的公共操作如下。

（1）创建图书对象方法 newBook( )：创建新的图书对象。

（2）发现指定编号的图书方法 BookfindBook( )：返回给定编号的图书对象。

（3）获取图书标题名称的方法 getTitleName( )：将某图书的名称返回。

（4）获取图书的编号的方法 getID( )：获取当前图书的编号。

（5）设置图书的编号的方法 setID( )：对图书的编号进行设置。

（6）获取图书标题的方法 getTitle( )：获取图书 Title 对象。

（7）获取借阅记录方法 getLoan( )：返回图书的借阅记录。

（8）设置图书的借阅状态方法 setLoan( )：对图书的借阅状态进行设置，如果将参数设置为 NULL，则图书的状态是未借阅的状态。

4. 借阅记录 Loan

我们用借阅记录 Loan 描述借阅者从图书馆将图书借出时的借阅记录。某个 Loan 对象与某个 Borrower 对象、某个 Book 对象对应。它们三者之间的关系是：借阅者 Borrower 对象借走记录在 Loan 对象中的图书（Book 对象），当借阅者还回一本图书时，将借阅记录删除。

Loan 类的私有属性如下。

（1）图书名称 Book。

（2）借阅者姓名 Borrower。

（3）借书日期 Date。

Loan 类的公共方法如下。

（1）创建借阅记录方法 newLoan( )：新建一个 Loan 类对象。

（2）获取借阅者方法 getBorrower( )：获取借阅者 Borrower 对象的信息。

（3）获取借书日期方法 getDate( )：将借阅图书的日期返回。

5. 管理员类 Manager

系统的安全和权限管理需要使用管理员类 Manager，它主要用于保存管理员的用户名与密码。在该系统中，管理员角色又可分为图书管理员与系统管理员，这便需要使用类的继承与派生机制。图 10.3 所示为派生的图书管理员类 Librarian 与系统管理员类 Administrator。

在管理员类 Manager 中，对相关方法进行如下介绍。

（1）查找管理员方法 findManager( )：用来检索指定编号或姓名的管理员对象。

（2）设置密码方法 setPassword( )：用来修改管理员账户密码。

（3）获取用户密码方法 getPassword( )：用来获取用户的密码。

（4）查询管理者方法 findManager( )：抽象方法，该方法是由其子类实现的。

（5）设置密码方法 setPassword( )：抽象方法，该方法是由其子类实现的。

（6）获取密码方法 getPassword( )：抽象方法，该方法是由其子类实现的。

此外，在系统管理员类 Administrator 中新增了一个创建管理员的方法 newManager( )它主要用于设置一个管理员对象。

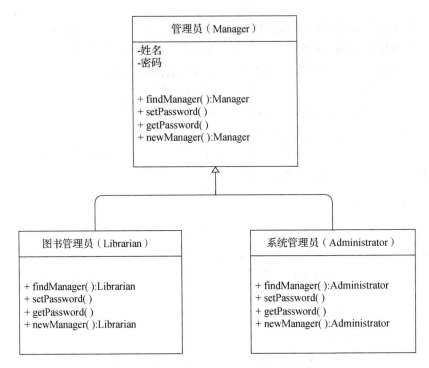

图 10.3　派生的图书管理员类 Librarian 与系统管理员类 Administrator

　　特别指出，在对类、属性与方法进行定义时，非常好用的一个方法是创建顺序图。因为顺序图与类图的创建是相互联系、相辅相成的。由于在顺序图中描绘的消息一般来自类图中的方法，所以在软件设计阶段，当绘制软件的顺序图时，尽量采用类图中定义的方法描述消息，如果发现有的消息无法用类图中的方法描述，那么就需要考虑为此类新增一个方法。

　　综上所述，本系统具有五个较重要的类，分别是借阅者 Borrower、图书标题 Title、图书 Book、借阅记录 Loan 与管理员类 Manager，并且上面的所有类全部是实体类，因此它们都需要持久化，即相关数据都要存储到数据库中。因此，需要抽象一个父类 Persistent，通过这个父类可以实现对数据库的 read、write、update 与 delete 操作。Persistent 类结构如图 10.4 所示。

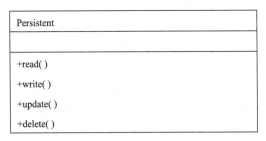

图 10.4　Persistent 类结构

　　其中，方法 read( )负责从数据库中读出对象的属性，write( )方法负责将对象的属性保存到数据库中，update( )方法负责更新数据库中保存的对象的属性，delete( )方法负责删除存储在数据库内的对象属性。

10.3.2　对用户界面类进行定义

所有用户与软件之间进行交互都是通过界面完成的，一个良好的软件一般都具备非常友好、易于使用的图形用户界面，所以在软件分析时，须为软件定义 GUI 类。经过不断分析与细化，我们可以找到下面的界面类及关于类的操作、属性。

➡1．主窗体类 MainWindow

主窗体类 MainWindow 是图书管理员和系统进行交互的主要界面，系统的主界面上主要是菜单，当用户单击不同的菜单选项时，主窗体类 MainWindow 将调用对应的方法实现相应的功能。其公共方法如下。

（1）创建窗体方法 CreateWindow ( )：创建一个 GUI 主窗口。

（2）借阅图书方法 BorrowBook ( )：当用户单击"图书借阅"菜单选项时，系统将调用该操作方法。

（3）还书方法 ReturnBook ( )：当用户单击"图书归还"菜单选项时，便可以调用该操作。

（4）借阅信息查询方法 QueryLoan ( )：当用户单击"借阅信息查询"菜单选项时，系统将调用该操作。

（5）修改密码方法 ModifyPassword ( )：当用户单击"修改密码"菜单选项时，系统将调用该操作。

➡2．维护界面类 MaintenanceWindow

维护界面类 MaintenanceWindow 是系统管理员对系统实施维护的主界面，它与主窗体类 MainWindow 是非常类似的，其同样提供相关的菜单选项，用来调用对应的操作。因此，该界面类将提供以下操作。

（1）添加标题方法 AddTitle( )：当单击"图书种类添加"的菜单选项时调用此操作。

（2）删除标题方法 DelTitle( )：当单击"图书种类删除"的菜单选项时调用此操作。

（3）新增借阅者方法 AddBorrower( )：当单击"新增借阅者"菜单选项时调用此操作。

（4）删除借阅者方法 DelBorrower( )：当单击"借阅者删除"菜单选项时调用此操作。

（5）新增图书方法 AddBook( )：当单击"新增图书"菜单选项时调用此操作方法。

（6）删除图书方法 DelBook( )：当单击"图书删除"菜单选项时调用此操作方法。

（7）管理方法 Manager( )：当单击"管理员"菜单选项时调用此操作方法。

➡3．登录对话框类 LoginDialog

当管理员打开该系统时，将启动登录对话框类 LoginDialog，并把登录对话框打开，实现登录用户的身份验证。因此，该用户界面只需提供两种方法。

（1）创建对话框方法 CreateDialog( )：当运行系统时，调用此方法用来创建一个登录对话框。

（2）登录方法 Login( )：当登录的用户向界面输入相应的用户名与密码，并单击登录按钮时，系统将调用此方法对该用户身份进行验证。

4．借阅对话框类 BorrowDialog

在执行借阅操作时需要借阅对话框类 BorrowDialog。当单击"图书借阅"菜单选项时，将弹出此对话框，图书管理员把借阅者的相关信息和图书信息输入对话框中，接下来建立并且保存相应的借阅记录。该类具有的公共方法如下。

（1）创建对话框方法 CreateDialog( )：建立一个借书对话框 BorrowDialog。

（2）输入借阅者编号 InputBorrowerID( )：使用该方法，软件将获得用户输入系统的借阅证件信息。

（3）输入图书编号 InputBookID( )：调用此方法，系统将获取用户输入的图书信息。

5．返回对话框类 ReturnDialog

进行还书操作时，须使用返回对话框类 ReturnDialog。当单击主窗体"图书归还"菜单选项时，系统将弹出此对话框。图书管理员输入图书信息，软件将依据图书信息对相关借阅记录执行删除操作。ReturnDialog 对话框类具有的公共方法如下。

（1）创建对话框方法 CreateDialog( )：用来建立填写归还图书信息时的对话框。

（2）还书方法 ReturnBook( )：通过调用此方法，实现还书操作。

6．查询对话框类 QueryDialog

查询对话框类 QueryDialog 是执行查询某借阅者全部借阅信息的对话框。图书管理员在该对话框中输入学号或教工号，随后调用查询对话框类 QueryDialog 对应的方法，那么该对话框会列出该借阅者的全部借书信息。此类拥有的公共方法如下。

（1）创建对话框方法 CreateDialog( )：创建查询对话框类 QueryDialog。

（2）查询借阅信息记录 QueryLoanInfo( )：对某用户借阅的全部图书信息进行查询。

7．修改对话框类 ModifyDialog

当对用户的密码进行修改时，需要使用修改对话框类 ModifyDialog。用户可以修改自己的密码。此类拥有的公共方法如下。

（1）创建修改对话框方法 CreateDialog( )：创建修改对话框 ModifyDialog；

（2）修改密码方法 ModifyPassword( )：系统将对当前的用户密码进行修改。

8．管理对话框类 ManagerDialog

管理对话框类 ManagerDialog 用来新增或删除管理员的对话框。当系统使用维护窗体类 MaintenanceWindow 的管理方法 manager( )时，系统打开该对话框，系统把当前软件中全部的管理员列出来，系统管理员可以新增管理员或删除管理员。此类拥有的公共方法如下。

（1）创建对话框方法 CreateDialog( )：用来建立对话框 ManagerDialog。

（2）新增管理员方法 AddManager( )：调用该方法可以添加管理员。

（3）删除管理员方法 DelManager( )：使用此方法删除管理员信息。

（4）设置权限方法 Permission( )：使用此方法设置系统管理员权限。

9．添加标题对话框类 AddTitleDialog

当执行"新增图书"的操作时，需要使用添加标题对话框类 AddTitleDialog。在此对话框中，系统管理员向对话框中输入图书标题信息后保存。其拥有的公共方法如下。

（1）创建对话框的方法 CreateDialog( )：建立添加标题对话框 AddTitleDialog。

（2）新增标题的方法 AddTitle( )：使用此方法可以在系统中新增一个图书标题。

10．删除标题对话框类 DelTitleDialog

当执行"图书标题删除"的操作时，需要使用删除标题对话框类 DelTitleDialog。当系统管理员对图书标题进行删除时，在对话框中输入准备删除的 ISBN 号，并由系统查找该编号对应的图书标题，接下来由系统管理员单击确认，决定是否将标题删除。

因此，对于删除标题对话框类 DelTitleDialog 拥有的公共操作如下。

（1）创建对话框方法 CreateDialog( )：当需要删除图书标题时，创建对话框。

（2）查找图书标题方法 FindTitle( )：指定图书 ISBN 号，在数据库中查询图书的标题。

（3）删除标题方法 DelTitle( )：对某图书标题进行删除时调用此方法。

11．添加图书对话框类 AddBookDialog

当执行"新增图书"操作时，需要使用添加图书对话框类 AddBookDialog。当系统管理员向系统中新增图书信息时，向对话框输入相关图书的信息，比如书名、作者、出版社名称与图书 ISBN 号等，接下来由系统查询该书对应的图书标题信息，完成图书添加任务。添加图书对话框类 AddBookDialog 拥有的公共操作如下。

（1）创建对话框方法 CreateDialog( )：用于创建"新增图书"的对话框。

（2）添加图书方法 AddBook( )：向系统中新增图书信息。

12．删除图书对话框类 DelBookDialog

当执行"图书删除"操作时，需要调用删除图书对话框类 DelBookDialog。系统管理员需要删除图书信息时，首选输入图书的编号，查询该编号对应的图书，将显示出来的标题进行确认，接下来由系统管理员判断是否需要删除此书。删除图书对话框类 DelBookDialog 拥有的公共操作如下。

（1）创建新的对话框方法 CreateDialog( )：用于创建"图书删除"对话框。

（2）输入图书编号方法 InputBookID( )：查找指定编号的图书信息，系统返回该书的标题信息。

（3）删除图书的方法 DelBook( )：对指定的图书进行删除。

13．添加借阅者对话框类 AddBorrowerDialog

在执行"新增借阅者"操作时，需要使用添加借阅者对话框类 AddBorrowerDialog。系统管理员向对话框中输入借阅者姓名、工号或学号等内容，接下来调用该对话框的操作，完成账户的创建。当完成借阅者信息的添加后，系统将产生一个具有唯一代码的借阅证号，可以打印出来，也可以嵌入一卡通中。添加借阅者对话框类 AddBorrowerDialog 拥有的公共操作如下。

（1）创建对话框方法 CreateDialog( )：创建添加借阅者对话框 AddBorrowerDialog。

（2）新增借阅者方法 AddBorrower( )：调用此方法，可以新增一个借阅者。

14．删除借阅者对话框类 DelBorrowerDialog

当执行"借阅者删除"操作时需要使用删除借阅者对话框类 DelBorrowerDialog。系统管理员打开该对话框输入准备删除的借阅证的证件号，软件依据该证件号查询借阅者信息，经过系统管理员确认后将该借阅者删除。删除借阅者对话框类 DelBorrowerDialog 拥有的公共方法如下。

（1）创建对话框方法 CreateDialog( )：通过调用该方法可以建立删除某借阅者的对话框。

（2）查找借阅者方法 FindBorrower( )：通过调用该方法，查询指定借阅者信息。

（3）删除借阅者方法 DelBorrower( )：通过调用该方法，将满足条件的借阅者删除。

必须强调一点：在当前阶段，类图仍处于"草图"的状态，所以当前类的属性与操作并不是最终版本，因此类图的最终属性与操作是在绘制顺序图后，根据后续的分析过程进行不断修改、完善的。

10.3.3 各类之间的关系

在使用面向对象技术的软件分析中，通常将软件中的类分成三类：用户图形界面（GUI）类、问题域（PD）类、数据库（DB）访问类。用户图形界面类由软件中的用户界面构成，比如主窗体类 MainWindow 与管理窗体类 ManageWindow；软件的业务逻辑处理工作由问题域类负责；而存储逻辑处理结果的任务由数据库访问类承担。当这三个类以包的形式包装起来时，三种类之间的关系如图 10.5 所示。

图 10.5　三种类之间的关系

🔵 1. 图形用户界面类包

图形用户界面类包中包括同用户进行交互的 GUI 类，在该包中包含的界面类有：主窗体类 MainWindow 与管理窗体类 ManageWindow。图 10.6 所示为主窗体类 MainWindow。

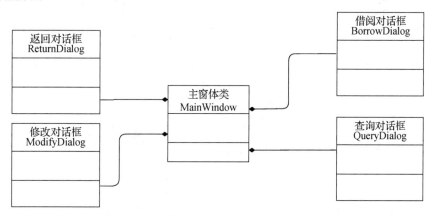

图 10.6　主窗体类 MainWindow

图 10.7 所示为管理窗体类 ManageWindow。除了主窗体类 MainWindow 与管理窗体类 ManageWindow，图形用户界面类包里面还包括两个独立的用户界面 UI 类，分别是登录类 Login 与消息盒子类 MessageBox。

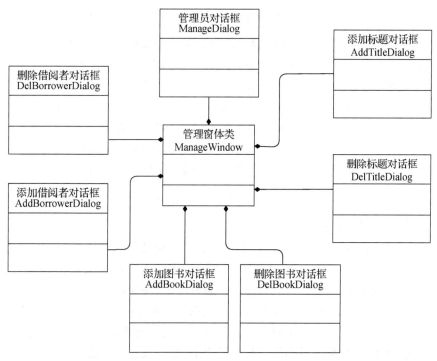

图 10.7　管理窗体类 ManageWindow

2. 问题域类包

问题域类包中包括软件的问题域类，比如图书 Book、标题 Title 等。其主要完成软件的业务逻辑处理，这是软件的主要部分。图 10.8 所示为软件中的类图。

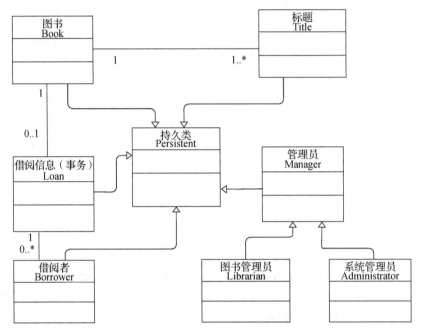

图 10.8　软件中的类图

从图 10.8 中可以看出，图书 Book 与标题 Title 间具有"一对多"的关系，一个标题 Title 对象至少与一个图书 Book 对象对应，而一个图书 Book 对象仅与一个标题 Title 对象对应。图书 Book 和借阅信息 Loan 间存在关联，一个图书 Book 对象至多与一个借阅信息 Loan 对象对应。一个借阅信息 Loan 对象仅能记录一本书的借阅信息，原因是在一定时间段内，一本书只能被某个借阅者借阅，所以至多对应一条借阅记录。借阅者 Borrower 和借阅信息 Loan 间具有一对多的关联。一个借阅者 Borrower 对象可以与若干个借阅信息 Loan 对象对应，然而一个借阅信息 Loan 对象至多与一个借阅者 Borrower 对象对应。

3. 数据库访问类包

一个软件必然需要存储一些数据。因此，需要采用数据访问层提供该类服务。存储处理结果时，可以使用文件，也可以采用数据库，不过当需要保存大量数据时，使用文件会产生很多问题，所以我们存储数据时，通常使用数据库。

由于在本案例的分析中未涉及数据库，所以在此例子中仅用持久类 Persistent 定义访问数据接口，如果需要保存某对象时，仅需调用某些公共操作，比如读操作 read( )、修改操作 update( )。必须注意的是，持久类 Persistent 仅是一个抽象类，所以它的方法仅定义一个接口，却未涉及具体实现。因此，由其子类完成具体的实现。

当完成持久类 Persistent 的接口定义后，软件的扩充工作变得十分方便，比如当系统存储借阅者的相关信息时，便可在借阅者类 Borrower 的写操作 write( ) 中使用对应的数据访问类，以便于保存借阅者 Borrower 的信息。

10.4 动态行为模型

软件的动态行为模型主要由交互图（如顺序图与协作图）、活动图、状态图来描述。本节中我们主要使用顺序图描述用例，采用状态图描述实例化对象的行为操作。

10.4.1 创建顺序图

当我们创建顺序图时，很可能发现一些此前未发现的操作，这个时候可以把新发现的操作添加到类图中。此外，操作需要进行详细描述，其前提是与用户进行充分沟通。

1. 新增借阅者信息

新增借阅者信息的流程是：系统管理员在页面上单击"新增借阅者"菜单选项，系统弹出新增借阅者信息对话框 AddBorrowerDialog，系统管理员输入借阅者基本信息并保存，接下来系统将对该借阅者信息执行核验操作，系统将到数据库中检索该用户名是否已经存在，如果不存在，系统将为该借阅者创建一个账户，并将该借阅者的基本信息保存到数据库中。根据需要，系统还应该支持打印功能，以在必要时将账户信息打印出来。图 10.9 所示为新增借阅者用例的顺序图。

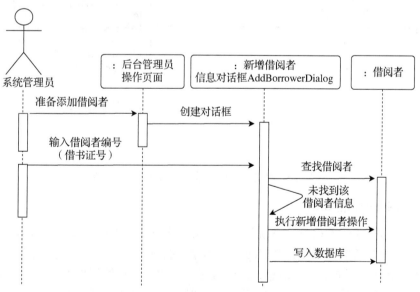

图 10.9　新增借阅者用例的顺序图

2. 对借阅者进行删除操作

对借阅者信息进行删除的流程是：系统管理员单击"借阅者删除"菜单选项，系统弹出删除借阅者对话框 DelBorrowerDialog，系统管理员需要输入借阅者的证件号码，系统将到后台数据库中进行查询，并将有关借阅者的信息显示出来，若输入信息错误，系统将提示"无法找到有关信息，请验证输入信息是否有误"；当找到借阅者的基本信息后，按下删除按钮，系统需要首先核实该借阅者是否有未还的图书，如果有，系统将提醒系统管理员，无法执行删除操作，如果该借阅者名下没有借阅信息，那么系统可以将该借阅者账户删除。图 10.10 所示为对借阅者信息进行删除操作的顺序图。

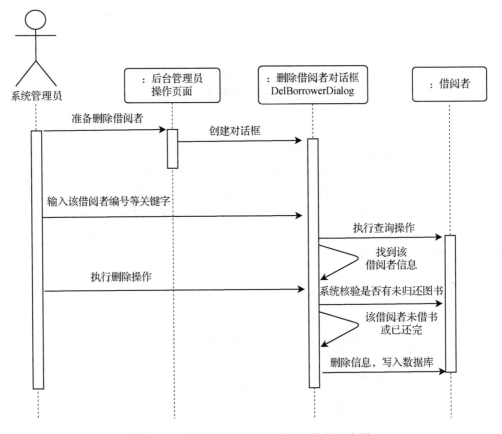

图 10.10　对借阅者信息进行删除操作的顺序图

3. 图书标题的新增

新增图书标题的流程是：系统管理员单击"新增图书标题"菜单选项，系统弹出新增图书标题对话框 AddTitleDialog，并由系统管理员向对话框中输入图书标题、出版社名称、ISBN 号及作者等信息，经检查无误后提交，软件依据 ISBN 号检索该图书的标题在数据库中是否存在，如果不存在，那么将创建该图书标题。图 10.11 所示为新增图书标题的顺序图。

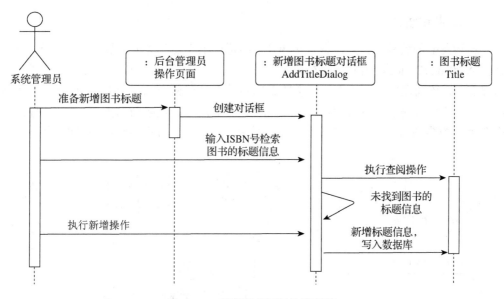

图 10.11　新增图书标题的顺序图

4. 图书标题的删除

图书标题删除的流程：系统管理员单击"图书标题删除"菜单选项，系统弹出删除标题对话框 DelTitleDialog，接下来，系统管理员将 ISBN 号输入对话框中并提交，系统将对数据库进行检索，系统将图书的标题信息调出并显示出来，接下来由系统管理员删除相关的标题信息，系统核实被删除的标题对应的图书数量是否为 0，若是 0，则可以删除该标题信息，否则系统提醒须先将对应的图书全部删除后再删除图书标题的信息。图 10.12 所示为删除图书标题的顺序图。

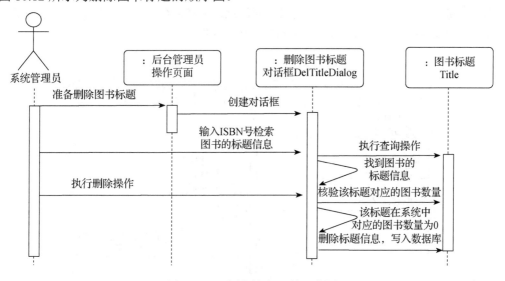

图 10.12　删除图书标题的顺序图

⊙5. 新增图书

新增图书的流程是：系统管理员单击"新增图书"菜单选项，系统弹出新增图书对话框 AddBookDialog，图书管理员在对话框中输入图书的 ISBN 号，然后检查信息无误后提交，系统到数据库中检索，核实数据库中是否具有和当前该图书对应的标题，如果不存在，那么将提示系统管理员须先增加标题，随后才能继续新增图书；如果存在，那么新增一个图书信息，并修改图书的标题信息。图 10.13 所示为新增图书的顺序图。

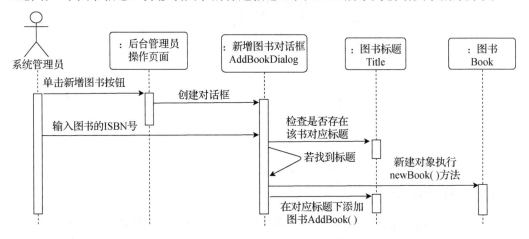

图 10.13 新增图书的顺序图

⊙6. 图书的删除操作

对图书信息进行删除的流程是：系统管理员单击"删除图书"菜单选项，系统弹出删除图书对话框 DelBookDialog。系统管理员在对话框中输入准备删除图书的编号，然后提交，系统查询数据库并且列出该图书的信息，接着系统管理员确认删除，系统更新相应的标题信息。图 10.14 所示为删除图书的顺序图。

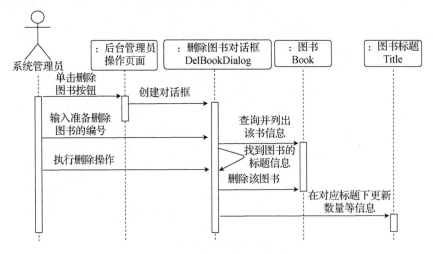

图 10.14 删除图书的顺序图

➔7．管理员信息的维护

在系统维护过程中，对管理员信息的维护包含：新增管理员与删除管理员信息。其中，管理员分为系统管理员与图书管理员两种。因此，对管理员信息进行维护的流程是：在系统中新增管理员账户时，系统管理员首先添加新增管理员的用户名与密码并提交，随后由软件核验新增的用户名在该软件中是否重复，如果该用户名重复，系统将提醒系统管理员；如果不重复，那么系统将询问系统管理员当前新增的管理员是图书管理员还是系统管理员，系统管理员要有个正确判断。当对某一个管理员账号进行删除时，系统管理员需要向系统输入将要删除的账号，系统检索数据库，从而核验当前的账户是否存在；如果存在，便删除该账户记录。图 10.15 所示为添加管理员的顺序图，图 10.16 所示为删除管理员的顺序图。

➔8．图书借阅的流程

图书借阅的流程是：图书管理员单击"图书借阅"菜单选项，系统弹出借书对话框 BorrowDialog，图书管理员输入借阅者相关信息，随后由软件检索后台数据库，用于核验当前借阅者信息是否合法，如果借阅者信息合法，那么由图书管理员将预借出的图书信息输入对话框，系统记录并且保存相关信息。图 10.17 所示为图书借阅的顺序图。

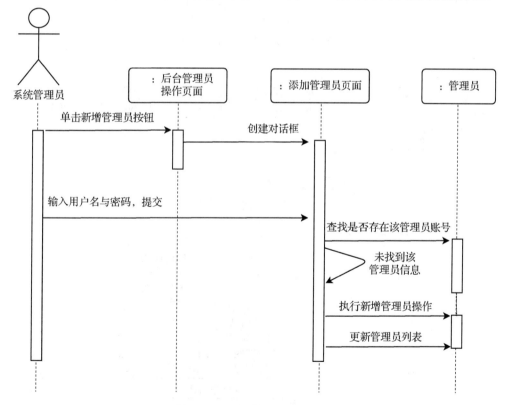

图 10.15　添加管理员的顺序图

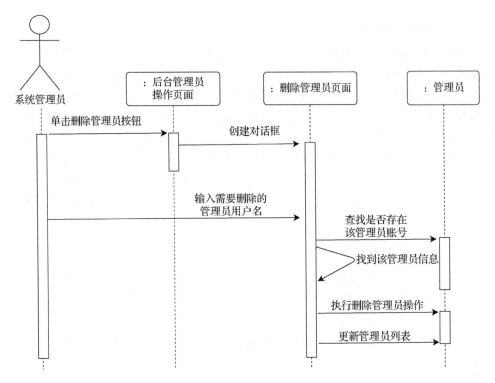

图 10.16　删除管理员的顺序图

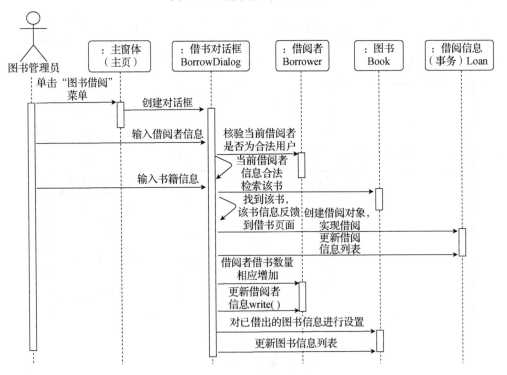

图 10.17　图书借阅的顺序图

9. 图书归还流程

图书归还流程是：图书管理员单击"图书归还"菜单选项，系统弹出还书对话框 ReturnDialog，图书管理员输入当前归还的图书编号，随后由系统查询后台数据库，进一步核实正在归还的图书是否是本馆的图书，如果该图书不是本馆图书，系统将弹出提示信息，提醒图书管理员；如果信息核对无误，那么由系统检索该书的借阅者相关信息，随后将相应的借阅记录删除，并对借阅者信息进行更新。图 10.18 所示为归还图书的顺序图。

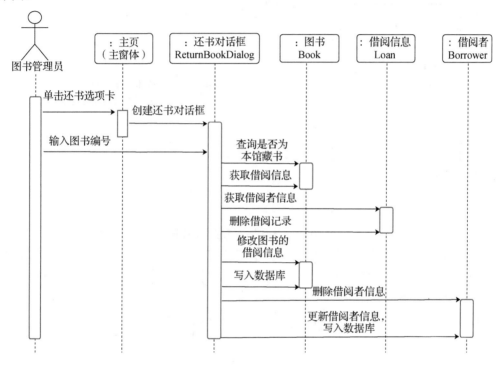

图 10.18　归还图书的顺序图

10. 检索借阅信息

检索借阅信息的流程是：图书管理员单击"检索借阅信息"菜单选项，系统将弹出查询对话框 QueryDialog，图书管理员将借阅者的证件号输入对话框中，随后由系统对数据库进行检索，获得该借阅者信息，并且显示该借阅者借阅的全部图书信息。图 10.19 所示为查询借阅信息的顺序图。

11. 显示借阅信息

将借阅信息显示出来的流程是：在查询对话框 QueryDialog 中输入借阅者相关信息，然后单击查询按钮，系统将获取该借阅者的全部借阅信息，随后依据借阅信息发现其所借阅的图，从而获取相关图书的标题，最终通过系统显示出来。图 10.20 所示为查询对话框 QueryDialog 调出借阅相关信息的顺序图。

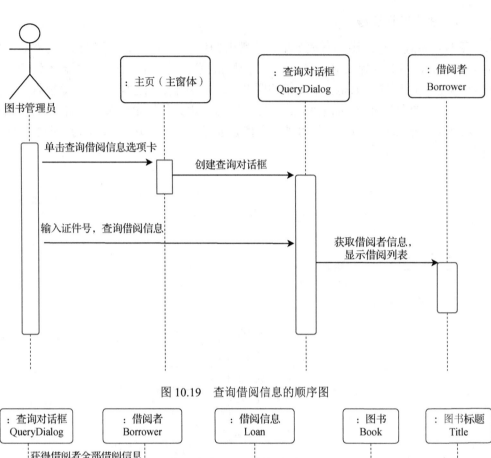

图 10.19 查询借阅信息的顺序图

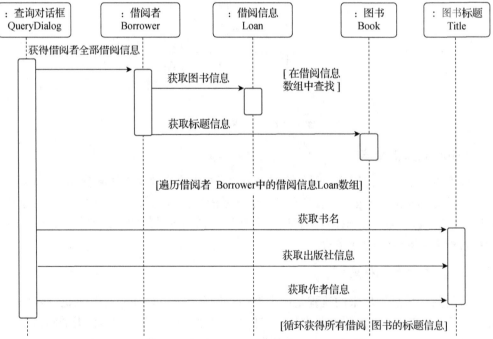

图 10.20 查询对话框 QueryDialog 调出借阅相关信息的顺序图

12．超时处理

在该系统运行期间，出现借书或还书行为时，应该由系统检索出借阅者相关信息，随后调用超时处理方法，从而检验当前的借阅者是否存在图书超时未还的情况。超时处理的流程如下：获得借阅者的全部借阅信息，检索数据库从而获得借阅日期，随后由系统和当前日期进行比较，以核验是否超出规定时间，如果超出当前规定时间，系统将显示已发生超时的信息，并提醒系统管理员。图 10.21 所示为借书流程遇到图书超时未还时的顺序图。

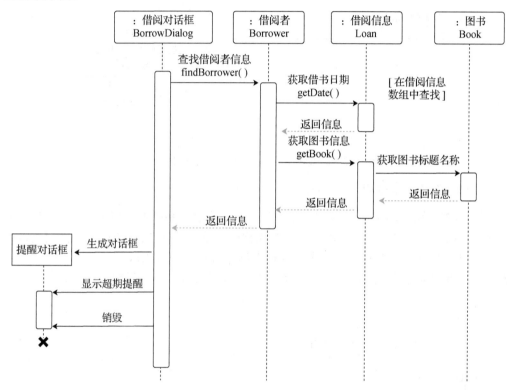

图 10.21　借书流程遇到图书超时未还时的顺序图

13．对密码进行修改

图 10.22 所示为图书管理员对密码进行修改时的顺序图。对密码进行修改的流程描述如下：图书管理员选择"修改密码"菜单选项，随即弹出修改对话框 ModifyDialog，图书管理员随即输入原密码与新密码，然后进行提交，随后由系统查询后台数据库，开始核验新设的密码与原密码是否一样，若不同，则把当前的密码更改为新密码，最后提示图书管理员密码修改成功。

图 10.22 中有两个图书管理员，其含义不同，一个表示系统的参与者，其不属于系统的范畴；而另一个图书管理员是为了系统的安全考虑，在系统中创建出来的，用于反映参与者——图书管理员对象。

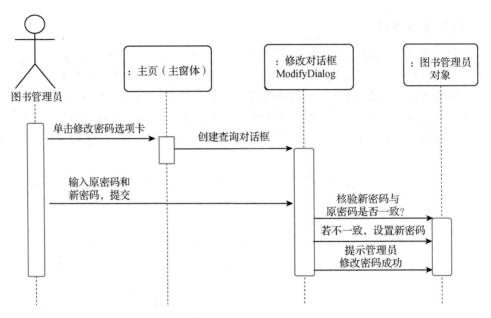

图 10.22   图书管理员对密码进行修改时的顺序图

➔14．系统登录过程

图 10.23 所示为管理员登录时的顺序图。对用户登录系统的过程进行描述：当图书管理员或系统管理员登录系统时，系统首先弹出登录对话框 LoginDialog，然后输入用户名与密码并提交，接着由系统查询后台数据库进行用户身份验证工作。当验证通过后，系统将分辨当前的用户是图书管理员还是系统管理员，然后打开对应的对话框。

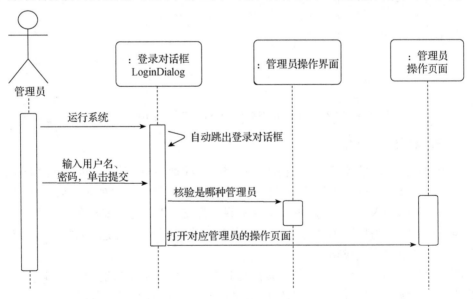

图 10.23   管理员登录时的顺序图

10.4.2　创建状态图

在 UML 中，可以使用状态图表示类对象的各种状态和各种引起对象状态改变的事件。

在本例中，具有状态图的类主要是：图书 Book 与借阅者 Borrower。图 10.24 所示为图书 Book 的状态图，图书 Book 的状态图具有两个状态：

（1）可借状态（Available）；

（2）已借出状态（Borrowed）。

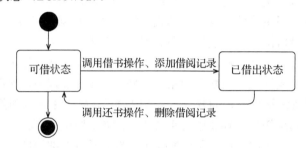

图 10.24　图书 Book 的状态图

起初，图书 Book 是可借状态，仅当借书事件 borrowBook( )发生时，图书 Book 的状态才转变为已借出状态，接着实现写入借阅者信息操作 loan.write( )，即把借阅相关记录加入后台数据库中。当图书 Book 是已借出状态时，仅在还书事件 returnBook( )发生时，图书 Book 才返回可借状态，并且执行删除借阅者信息操作 loan.delete( )，将借阅记录从后台数据库中进行删除。

图 10.25 所示为借阅者 Borrower 的状态图。对于借阅者 Borrower 来讲，其具有两个状态：借阅者账户处于可借状态与借阅者账户处于不可借状态。借阅者账户起初是处在可借状态的，不过当该用户借书数量超过规定上限时，或者存在超时借阅的情况时，借阅者账户将转变为不可借状态。仅当还书事件 returnBook( )被触发后，系统将相关借阅记录进行删除，并且对借阅者的相关借阅信息进行删除。当借阅者账户更新后，不存在超时借阅的情况，也不存在超数量借阅的情况时，借阅者账户的状态会变成可借状态。

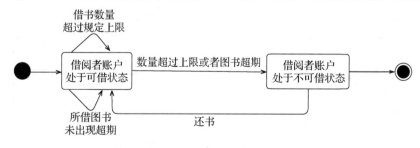

图 10.25　借阅者 Borrower 的状态图

10.5 系统部署

软件一般是由一系列组件构成的，也就是说，软件组件是软件部分功能的实现，其具有特有的功能，能够被安装使用，软件的各组件是互相协作的，集成到一起向外提供完整的功能。本系统采用以下五层逻辑架构。

（1）客户端：由于该系统采用的是 B/S 结构，因此客户端使用浏览器即可。

（2）Web 层：采用动态页面实现各种业务逻辑对象的创建与操作。

（3）业务核心对象层：用若干个类构建业务处理的对象。

（4）连接层：采用主流的数据驱动模式，提供多种数据源连接方式。

（5）资源层：最内部的一个层次，即数据库服务器。

经过上面的分析与设计，接下来可依据系统设计模型在开发环境中实现该系统，生成系统的源代码与可执行程序及配套的系统文档。在开发过程中，需要对系统实施测试与排错工作，确保系统符合既定的要求。完成测试后，接下来需要对系统进行部署，其主要任务是在真实的系统运行环境中对系统进行配置、调试，处理系统在正式使用前可能存在的所有问题。图 10.26 所示为系统运行时的主要组件部署图。

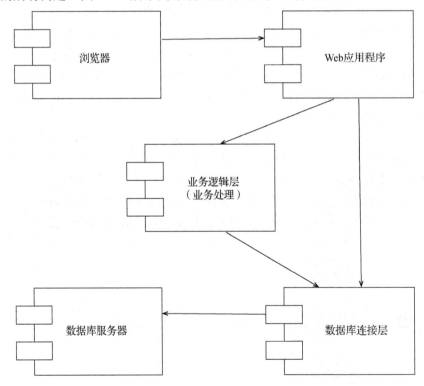

图 10.26　系统运行时的主要组件部署图

通过上面的过程，我们来做个总结：在系统分析与设计中，通过组件图，可以分析出系统实现涉及的部分功能，因此它与编码工作关联紧密。而类图与组件图从另一个角度反映了信息交互的流程，并且当对超链接与重定向进行编写时，通过各种模型掌握各页面间的通信逻辑，使得代码更具有条理性和逻辑性。如果能更详细地列出所有的对象图、顺序图，将有利于整个系统的类定义与方法设置，更有利于开发出一个高质量的系统。因此，我们要在案例中学会各种模型的创建与应用方法。

习题10

1. 对比传统的软件分析与设计方法、面向对象分析与设计方法各自的优势？
2. 以课程设计或毕业设计为案例，尝试使用 UML 技术进行分析、设计。

参考文献

[1] 张海藩，牟永敏. 软件工程导论[M]. 6 版. 北京：清华大学出版社，2013.

[2] 莎丽. 软件工程[M]. 4 版. 北京：人民邮电出版社，2019.

[3] 李爱萍，崔冬华，李东生. 软件工程[M]. 北京：人民邮电出版社，2014.

[4] 贾铁军，李学相，王学军. 软件工程与实践[M]. 3 版. 北京：清华大学出版社，2019.

[5] 吴艳，曹平. 软件工程导论[M]. 北京：清华大学出版社，2021.

[6] 许家珆. 软件工程：方法与实践[M]. 3 版. 北京：电子工业出版社，2019.

[7] 王柳人. 软件工程与项目实战[M]. 北京：清华大学出版社，2017.

[8] 白文荣. 软件工程与设计模式[M]. 北京：清华大学出版社，2017.

[9] 张秋余. 软件工程[M]. 西安：西安电子科技大学出版社，2014.

[10] 窦万峰. 软件工程方法与实践[M]. 3 版. 北京：机械工业出版社，2017.

[11] 郑人杰，马素霞. 软件工程概论[M]. 3 版. 北京：机械工业出版社，2019.

[12] Grady Booch，James Rumbaugh，Ivar Jacobson. UML 用户指南[M]. 邵维忠等译. 2 版. 北京：人民邮电出版社，2006.

[13] 王欣，张毅. UML 系统建模及系统分析与设计[M]. 2 版. 北京：水利水电出版社，2020.

[14] 董东. UML 面向对象分析与设计[M]. 北京：清华大学出版社，2021.

[15] 冀振燕. UML 系统分析与设计教程[M]. 2 版. 北京：人民邮电出版社，2014.

[16] 陈承欢. UML 软件建模任务驱动教程[M]. 3 版. 北京：人民邮电出版社，2022.

[17] 张龙祥. UML 与系统分析设计[M]. 北京：人民邮电出版社，2001.